工程材料与成形技术基础

主　编：李军伟　高欢欢
副主编：杨小英　赵书美　刘咪　慕永云　刘娜

中国财经出版传媒集团
经济科学出版社
Economic Science Press
·北京·

图书在版编目（CIP）数据

工程材料与成形技术基础 / 李军伟，高欢欢主编；杨小英等副主编 . -- 北京：经济科学出版社，2025. 6.
ISBN 978 - 7 - 5218 - 6977 - 4

Ⅰ . TB3

中国国家版本馆 CIP 数据核字第 2025PH7012 号

责任编辑：杨金月
责任校对：李　建
责任印制：范　艳

工程材料与成形技术基础
GONGCHENG CAILIAO YU CHENGXING JISHU JICHU

主　编：李军伟　高欢欢
副主编：杨小英　赵书美　刘　咪
　　　　慕永云　刘　娜

经济科学出版社出版、发行　新华书店经销
社址：北京市海淀区阜成路甲 28 号　邮编：100142
总编部电话：010 - 88191217　发行部电话：010 - 88191522
网址：www.esp.com.cn
电子邮箱：esp@esp.com.cn
天猫网店：经济科学出版社旗舰店
网址：http://jjkxcbs.tmall.com
北京季蜂印刷有限公司印装
710×1000　16 开　17.25 印张　260000 字
2025 年 6 月第 1 版　2025 年 6 月第 1 次印刷
ISBN 978 - 7 - 5218 - 6977 - 4　定价：58.00 元
(图书出现印装问题，本社负责调换。电话：010 - 88191545)
(版权所有　侵权必究　打击盗版　举报热线：010 - 88191661
QQ：2242791300　营销中心电话：010 - 88191537
电子邮箱：dbts@esp.com.cn)

编 委 会

主　　编：李军伟（山东协和学院）

　　　　　高欢欢（山东协和学院）

副 主 编：杨小英（山东协和学院）

　　　　　赵书美（山东协和学院）

　　　　　刘　咪（山东协和学院）

　　　　　慕永云（山东协和学院）

　　　　　刘　娜（山东建筑大学）

参编人员：郝绘坤（山东协和学院）

　　　　　申世英（山东协和学院）

　　　　　栾加航（山东协和学院）

　　　　　王明超（烟台友开通信技术有限公司）

　　　　　孟令过（浙江盘毂动力科技有限公司）

　　　　　董志豪（浪潮集团有限公司）

　　　　　魏　冬（北京理工大学前沿技术研究院济南分公司）

前　言

《工程材料与成形技术基础》作为工程教育领域的一部教材，旨在为读者提供关于工程材料与成形技术的全面知识。本教材内容涵盖了工程材料的分类、性能、组织结构、成形技术以及应用选择等多个方面，旨在培养学生具备使用和选择工程材料及成形工艺的能力。

随着科学技术的飞速发展，工程材料及其成形技术在现代制造业中发挥着越来越重要的作用。为了适应这一趋势，本教材在传统的金属工艺学内容的基础上进行了精选，去掉了烦冗的细节，保留了必要的理论基础，并增加了新材料、新工艺及发展趋势的介绍。本教材的目的是使读者能够深入了解工程材料的性能和成形技术，掌握其基本原理和应用方法，为未来的工程实践打下坚实的基础。

本教材内容涵盖了工程材料基础理论、常用工程材料、工程材料成形技术基础以及工程材料应用及成形工艺的选择等多个方面。工程材料基础理论，主要介绍了工程材料的分类与性能、金属与合金的晶体结构和二元合金相图以及钢的热处理等基础知识。常用工程材料，详细讲解了工业用钢、铸铁、非铁金属材料与硬质合金以及非金属材料与新型材料的种类、性能和用途。工程材料成形技术基础，包括了铸造成形、金属压力加工成形、焊接与胶接成形以及其他工程材料的成形及快速成形技术等内容。工程材料应用及成形工艺的选择，主要介绍了机械零件的失效分析与表面处理、材料与成形工艺的选择原则和方法以及计算机在零件材料与成形工艺选择时的应用等内容。

本教材内容全面，涵盖了工程材料与成形技术的各个方面，为读者提供了全面的知识体系。结构清晰，每篇和每章节都设置了明确的主题和目标，使读者能够清晰地了解各部分的内容和学习目标。书中不仅介绍了理论知识，还结合了实际应用案例，使读者能够更好地理解和应用所学知识。增加了新材料、新工艺及发展趋势的介绍，使读者能够了解最新的工程材料与成形技术动态。

  本教材可作为高等工科院校本科机械类及近机类专业的教材，也可供相关工程技术人员参考。我们真诚地希望本教材能够为读者提供有价值的工程材料与成形技术知识，同时也期待读者在阅读过程中提出宝贵的意见和建议。由于编者水平有限，教材中难免存在疏漏和不足，恳请读者批评指正，以便我们不断改进和完善。

目 录
CONTENTS

第一章　工程材料概述 / 1
　　第一节　工程材料的定义与分类 / 3
　　第二节　工程材料的性能 / 6
　　第三节　工程材料的发展历史与趋势 / 12
　　习题 / 17

第二章　材料的微观特性 / 19
　　第一节　金属材料的组织结构与结晶 / 21
　　第二节　材料的结晶 / 23
　　第三节　合金的结晶 / 30
　　第四节　碳铁合金相图 / 36
　　习题 / 40

第三章　钢的热处理 / 43
　　第一节　钢的热处理概述 / 44
　　第二节　钢在加热时的组织转变 / 47
　　第三节　钢在冷却时的组织转变 / 52
　　第四节　钢的退火和正火 / 71
　　第五节　钢的淬火 / 75

第六节　钢的回火 / 83
第七节　钢的表面热处理 / 87
习题 / 90

第四章　金属材料 / 93
第一节　工业用钢 / 94
第二节　铸铁 / 105
第三节　常见有色金属及合金 / 119
习题 / 135

第五章　非金属材料 / 137
第一节　高分子材料 / 138
第二节　陶瓷材料 / 148
第三节　复合材料 / 153
第四节　其他非金属材料 / 157
习题 / 163

第六章　新型材料 / 167
第一节　纳米材料 / 168
第二节　石墨烯增强复合材料 / 171
第三节　生物基复合材料 / 172
第四节　功能材料 / 173
习题 / 183

第七章　铸造成型 / 185
第一节　铸造工艺理论 / 186
第二节　砂型铸造 / 198
第三节　特种铸造 / 203

　　　　第四节　铸件结构设计 / 212
　　　　习题 / 215

第八章 塑性成形 / 217
　　　　第一节　材料塑性成形基础 / 218
　　　　第二节　自由锻 / 219
　　　　第三节　模锻 / 223
　　　　第四节　板料冲压 / 229
　　　　习题 / 234

第九章 材料的连接技术 / 237
　　　　第一节　焊接基本原理 / 238
　　　　第二节　常用焊接方法 / 240
　　　　第三节　焊接结构工艺性及焊接质量检验 / 252
　　　　第四节　其他连接技术 / 258
　　　　习题 / 263

参考文献 / 264

第一章

工程材料概述

工程材料 | 与成形技术基础

　　工程材料是工程建设中不可或缺的重要物质基础,它们对于工程项目的质量、寿命、安全性和经济性具有至关重要的影响,其在生活中的应用非常广泛,涵盖了建筑、交通、水利、能源等各个领域。

　　工程材料在建筑领域的应用主要包括结构材料和装饰材料。结构材料如水泥、钢筋、混凝土等用于建筑物的构造;装饰材料如玻璃、涂料、壁纸、地板等用于建筑物的装修。

　　工程材料在交通领域的应用主要包括道路、铁路、桥梁和地铁等交通设施的建造。这些材料包括沥青、混凝土、钢筋等,它们的实用性和耐久性对于确保交通设施的安全和畅通起着至关重要的作用。

　　在能源领域,工程材料主要用于电力设备的制造和维护。这些材料包括电线、电缆、电容器、绝缘材料等,它们的高强度、抗腐蚀性、绝缘性能和耐高温性能可以确保电力系统的安全有效运行。

　　工程材料在水利领域的应用主要包括水坝、水库、水源和污水处理等设施的建设和维护。这些材料包括混凝土、钢筋、水泥、塑料管等,它们在水利设施的建设和维护中提供了稳定的结构支撑和高效率的工作系统。

　　工程材料的主要功能是承载和传递荷载。结构材料如钢筋、钢材和混凝土等必须具有足够的强度和刚度,以确保建筑物或结构在各种力作用下不会发生破坏,从而保障人们的生命财产安全。

　　工程材料必须能够在长期使用和恶劣环境条件下保持稳定的性能。例如,建筑材料需要能够抵御自然因素如风、水和温度变化的侵蚀和腐蚀,以延长建筑物的使用寿命。

　　工程材料的选择应考虑到其加工和施工的难易程度。易于加工和施工的材料可以降低施工成本,提高施工效率。材料的成本、可用性和维护保养费用都是影响材料选择的重要经济因素。合理的材料选择可以降低工程总成本,提高经济效益。

随着环保意识的提高，工程材料的选择也应考虑其环境影响。可持续性和环保因素在现代工程中变得越来越重要。因此，工程材料的选择应优先考虑可再利用性、碳足迹和能源效率等方面。

第一节
工程材料的定义与分类

一、工程材料的定义

工程材料是指在工程建设、机械制造、航空航天、电子信息等各个领域中所使用的各种材料。这些材料不仅需要满足特定的物理、化学和力学性能要求，还需要具备在特定环境条件下稳定工作的能力。工程材料是构成工程实体的物质基础，其性能和质量直接影响着工程的安全性、耐久性和经济性。

工程材料的选择和应用对于工程项目的成功至关重要。合理的材料选择可以确保工程结构的安全稳定，提高工程的整体性能，降低维护和运营成本。同时，随着科技的不断进步和环保意识的提高，工程材料的发展也呈现出高性能化、环保化和智能化的趋势。

二、工程材料的分类

工程材料按照不同的分类标准可以划分为多种类型，但最常见的分类方式是按其化学成分分类为四大类工程材料：金属材料、非金属材料、高分子材料、复合材料。

（一）金属材料

1. 定义

金属材料是指金属元素或以金属元素为主构成的具有金属特性的材料的

统称，包括纯金属、合金、金属间化合物和特种金属材料等。

2. 分类

黑色金属材料：主要指铁和以铁为基的合金（如钢、铸铁和铁合金）。黑色金属材料的工程性能比较优越，价格也较便宜，是最重要的工程金属材料。

有色金属材料：黑色金属以外的所有金属及其合金。按性能和特点可分为轻金属、易熔金属、难熔金属、贵金属、稀土金属和碱土金属等。

3. 应用

金属材料广泛应用于建筑、机械、电子、航空航天等领域，如钢材用于建筑结构和桥梁建设，铝合金用于航空航天器制造等。

（二）非金属材料

1. 定义

非金属材料是指除金属材料以外的所有材料的统称。这类材料通常具有与金属材料不同的物理、化学和力学性能。

2. 分类

无机非金属材料：如陶瓷、玻璃、耐火材料、耐火隔热材料、耐蚀（酸）非金属材料等。

有机非金属材料：如塑料、橡胶、木材、皮革等。

3. 应用

非金属材料在建筑、化工、电子等领域发挥重要作用，如陶瓷用于制造餐具和建筑材料，塑料用于制造包装材料和管道等。

（三）高分子材料

1. 定义

高分子材料也称为聚合物材料，是由许多相同或不同的低分子物质以共价键结合而成的相对分子量在一万以上的化合物。

2. 分类

塑料：以树脂为主要成分，加入各种添加剂制成的材料。具有质轻、耐腐蚀、易加工等优点。

橡胶：具有高弹性的高分子材料，广泛应用于轮胎、密封件等领域。

合成纤维：如涤纶、尼龙等。具有强度高、耐磨性好等特点，广泛用于纺织行业。

3. 应用

高分子材料在现代工程中应用广泛，如塑料管道、橡胶密封件、合成纤维制品等。

（四）复合材料

1. 定义

复合材料是由两种或两种以上不同性质的材料通过物理或化学方法组合而成的新材料，其性能通常优于单一材料。

2. 分类

金属基复合材料：以金属为基体，加入其他材料制成的复合材料。

非金属基复合材料：如玻璃钢（树脂基复合材料）、陶瓷基复合材料等。

3. 应用

复合材料在航空航天、汽车制造、体育器材等领域具有广泛应用，如飞机机身、汽车车身、高尔夫球杆等。

工程材料是工程建设的物质基础，其性能和质量直接影响着工程的安全性、耐久性和经济性。根据化学成分和性质的不同，工程材料可以分为金属材料、非金属材料、高分子材料和复合材料四大类。每类材料都有其独特的性能和应用领域，合理选择和应用工程材料对于确保工程质量和降低运营成本具有重要意义。

第二节
工程材料的性能

工程材料作为构成各种工程结构、机械、设备和器件的基础,其性能直接关系到产品的使用性能、安全性和寿命。了解和掌握工程材料的性能,对于材料的选择、加工、设计及应用具有至关重要的意义。工程材料的性能主要分为物理性能、化学性能、机械性能和工艺性能等几大类。

一、物理性能

物理性能是指材料在不改变其化学组成的情况下,所表现出来的各种性质。这些性质主要与材料的物理状态、结构以及外部环境(如温度、压力、电磁场等)有关。工程材料常见的物理性能主要体现在以下几个方面。

(一) 密度

密度是指材料在绝对密实状态下,单位体积的质量,用符号 ρ 表示。这是材料的基本物理属性之一,决定了材料的重量和体积比。材料的抗拉强度与密度之比称为比强度。

基于金属的密度进行区分,金属材料分为轻金属与重金属。

轻金属是指密度相对较小的一类金属。虽然具体的密度阈值在不同的定义中可能略有不同,但通常认为轻金属的密度小于 4.5g/cm^3。这类金属包括铝、镁、钙、钛、钾、锶、钡等,以及稀有轻金属如锂、铍、铷、铯等。轻金属通常具有较低的密度、良好的机械性能和抗腐蚀性,因此在许多工业领域,特别是航空航天、汽车制造和建筑材料等方面有广泛应用。

重金属则是指密度相对较大的一类金属。同样,具体的密度阈值也可能因定义而异,但通常认为重金属的密度大于 4.5g/cm^3。这类金属包括铜、铅、锌、镍、钴、锡、汞、镉等,以及金、银等贵金属(尽管它们在经济价值上与其他重金属不同,但在密度上符合重金属的定义)。重金属在自然界中广泛存在,并且在工业、农业和医药等领域有重要应用。然而,某些重金属如铅、镉、汞等对人体和环境具有毒性,会造成严重的健康和环境问题。

(二)熔点

材料从固态转变为液态温度,是材料热稳定性的重要指标。熔点是设计和选择用于特定应用的材料时的一个关键因素,高熔点的材料适合用于高温环境。在工业过程中,如铸造、焊接和熔炼等,熔点的控制至关重要。通过精确控制熔点,可以优化这些过程并确保产品的质量。

易熔金属与难熔金属是金属分类中的两个重要类别,它们主要根据金属的熔点进行区分。

1. 易熔金属

(1)定义。

易熔金属是指熔点相对较低的金属或合金。这类金属在高温下容易熔化,具有良好的高温塑性和可加工性。

(2)常见种类。

铅:熔点为327.5℃,常用于防辐射和电子器件中的焊接。

锡:熔点为231.9℃,广泛用于电子电器和焊接工业中。

铝:熔点为660℃,广泛用于制造散热器、汽车零部件、建筑材料等。

镁:熔点为648.8℃,是航空、汽车及其他交通工具的轻量化材料。

锌:熔点为419.5℃,主要用于镀层、合金、化学工业等。

易熔合金:如铋锡合金,熔点可低至70℃~160℃,广泛用于焊料、保险丝、熔断器等热敏组件。

易熔金属在高温下容易熔化,因此常被用作焊接材料或热敏元件。它们还具有良好的可塑性和加工性,便于制成各种形状和规格的零部件。

2. 难熔金属

(1)定义。

难熔金属是指熔点相对较高的金属,通常具有超强的耐热性、耐磨性和耐腐蚀性。

（2）常见种类。

钨：熔点为3422℃，是所有金属中熔点最高的。常用于电触点、白炽灯泡的灯丝、高速工具以及钢中的合金元素。

钼：熔点为2623℃，具有出色的强度、良好的导热性和导电性以及耐腐蚀性。用于高温炉部件、导弹和飞机部件、电触点以及化学过程中的催化剂。

钽：熔点为2996℃，以其出色的耐腐蚀性而著称，常用于生产电子元件、航空航天工业和化学加工设备。

铌：熔点为2468℃，具有很强的耐腐蚀性、良好的延展性以及在极低温度下的超导特性。用于喷气发动机用超合金、超导磁体、高温炉部件以及核工业。

铼：熔点为3180℃，以其卓越的抗蠕变变形能力和与其他金属形成合金的能力而著称，用于航空航天业的涡轮叶片、催化转换器和各种高温应用。

难熔金属具有极高的熔点，能在高温下保持结构的完整性，因此被广泛应用于高温环境。它们还具有良好的机械强度、耐腐蚀性和导电性，适用于要求高性能和极端条件的领域。

（三）热膨胀性

材料的热膨胀性，通常指在外压强不变的情况下，大多数物质在温度升高时体积增大，温度降低时体积缩小的现象。这种由于温度改变而引起的体积变化，被称为热膨胀。热膨胀是材料物理性质的重要方面，对材料的性能、应用及工程设计具有重要影响。

（四）导热性

材料的导热性能是指材料传递热量的能力，这一性能通常用导热系数（也称为热导率）来表示。导热系数是材料本身的固有性能参数，用于描述在稳定传热条件下，单位厚度材料、单位面积、单位温差下，单位时间内传递的热量。材料传导热量的能力，决定了材料在热交换、散热等方面的表现。

在金属中，导热性主要受到金属内部自由电子运动的影响。金属中的自由电子可以在金属晶格中自由移动，当金属的一侧受热时，这些自由电子会获得能量并开始快速移动，将热量从热端传递到冷端，从而实现热量的传递。因此，金属通常具有较高的导热系数，是热传导性能优良的材料。

不同的金属其导热性能也有所不同。例如，银是金属中导热性能最好的，因此银常被用于制造高要求的热传导元件，如电子设备的散热器等。铜和铝也是导热性能良好的金属，广泛应用于建筑、机械、电子等领域。一般来说，金属越纯，其导热性能越好。

（五）导电性

材料的导电性是指材料传导电流的能力，它是材料对电流的阻抗或传导性的度量。导电性主要取决于材料内部电荷载流子的种类、浓度以及它们在材料中的迁移率，常用电导率表示，电导率越大，导电性越好。

金属通常具有较好的导电性，其中最好的是银，铜和铝次之。金属具有正的电阻温度系数，即随温度升高，电阻增大。合金的导电性比纯金属差，含有杂质或受到冷变形会导致金属的电阻上升。电导率大的金属，适于制造导电零件，电导率小的金属，适于制作电热元件。

（六）磁性

磁性是物质的一种基本属性，表现为物质在不均匀磁场中会受到磁力的作用。根据物质对磁场的响应方式，可以将物质分为抗磁性、顺磁性、铁磁性、反铁磁性和亚铁磁性五大类。磁性材料按照其磁化后去磁的难易程度，一般分为软磁材料和硬磁材料（又称永磁材料）。

软磁材料的特点是磁化后容易去掉磁性，具有高磁导率和低矫顽力。主要用于变压器、电感器、继电器、传感器等电子设备中，实现能量的转换与传输。常见的软磁材料包括纯铁、低碳钢、铁硅系合金（硅钢片）、铁铝系合金、铁钴系合金、软磁铁氧体等。

硬磁材料的特点是磁化后不易去掉磁性，具有高剩磁和高矫顽力，主要用于制造永磁体，如马达、扬声器、电表、传感器等。此外，永磁材料还广泛应用于磁疗、磁化水、磁麻醉等领域。常见的硬磁材料包括铝镍钴系合金、稀土永磁材料（如钕铁硼）等。

二、化学性能

化学性能是指材料与周围介质发生化学反应的能力。这些反应可能包括氧化、腐蚀、溶解等，主要取决于材料的化学组成和外部环境。化学性能包括但不限于以下几种。

（一）耐腐蚀性

材料抵抗腐蚀介质（如酸、碱、盐等）侵蚀的能力，决定了材料在恶劣环境下的使用寿命。

（二）抗氧化性

材料在高温下抵抗氧化反应的能力，对于高温环境下的应用尤为重要。

（三）化学稳定性

材料在特定条件下保持其化学性质不变的能力，是材料选择和设计时需要考虑的重要因素。

三、机械性能

机械性能是指材料在受到外力作用时所表现出来的性质，是材料质量的重要指标之一，也称为材料的力学性能。机械性能直接关系到材料的强度、韧性、耐久性等关键特性。材料的力学性能是选择和设计工程材料的重要依据。在工程应用中，需要根据具体的使用环境和受力情况选择合适的材料，以确保结构的安全性和耐久性。同时，对于材料力学性能的研究也有助于开发新型材料、优化材料加工工艺以及提高材料的性能和使用寿命。

（一）强度

强度是材料抵抗外力作用而不发生塑性变形或断裂的能力。它分为多种类型，包括：

（1）拉伸强度：材料在拉伸作用下破坏前所能承受的最大拉应力。

（2）压缩强度：材料在受压作用下破坏前所能承受的最大压应力。

（3）剪切强度：材料在受剪作用下破坏前所能承受的最大剪应力。

（4）弯曲强度：材料在受双向弯曲作用下破坏前所能承受的最大应力。

（二）韧性

韧性是材料在承受外力作用下能够吸收能量的能力，是材料的抗断裂性能。高韧性材料具有较大的吸收能量的能力，适用于承受冲击或变载荷的环境。

（三）硬度

硬度是衡量材料抵抗局部剪切和定位移动的能力，是材料的抗掉落性能和耐磨性的指标。硬度大的材料抵抗变形的能力强，且变形过程比较缓慢。抗表面压痕和磨损，但易于破裂。常见的硬度测试方法有布氏硬度、洛氏硬度和维氏硬度等。

（四）塑性

塑性是指材料在受力作用下发生塑性变形的能力，是材料的变形能力指标。塑性能力越强，材料越容易在外力作用下发生形变，具有良好的延展性、压缩性和锻造性。在一些需要材料变形后恢复原状的场合，如弹簧、节能缓冲器等，塑性是非常重要的性能指标。

（五）刚度

刚度是指材料抵抗弹性变形的能力。高刚度的材料能够提供更好的稳定性和精确的定位性能，这在设计中非常重要。弹性模量是表示材料刚度的重要参数，E 值越大，材料刚度越大。

（六）疲劳强度

疲劳强度关联到材料在重复或循环载荷下的性能，反映了材料抵抗疲劳破坏的能力。对于高温或长期承载的应用，疲劳强度尤为重要。

（七）屈服点

屈服点是材料开始发生塑性变形的临界点，它标志着弹性区域的结束和塑性区域的开始。了解材料的屈服点有助于判断材料在受力过程中的变形行为。

四、工艺性能

工艺性能是指材料在加工制造过程中，适应各种加工工艺的能力。良好的工艺性能可以确保材料在加工过程中保持稳定的性能，并满足产品的设计要求。工艺性能包括但不限于：

（1）铸造性：材料通过铸造工艺获得合格铸件的能力，与材料的流动性、收缩性等因素有关。

（2）锻造性：材料在压力加工时产生塑性变形而不发生裂纹的能力，与材料的塑性和韧性密切相关。

（3）焊接性：材料通过焊接工艺获得良好焊接接头的能力，与材料的熔点、热导率、热膨胀系数等因素有关。

（4）切削加工性：材料被切削加工成所需形状和尺寸的性能，与材料的硬度、韧性、热导率等因素有关。

第三节

工程材料的发展历史与趋势

工程材料的发展历史是一部从天然材料到人工材料、从无机非金属材料到金属材料再到高分子材料与复合材料的演进史。它伴随着人类社会的发展而不断演进。随着科技的不断发展，新材料与智能材料将不断涌现，为人类社会的发展注入新的活力。

一、天然材料阶段

旧石器时代，人类开始使用简单的石器工具；新石器时代，随着打磨石器工具的出现，劳动生产力水平提高，人们开始用土、木、石料等天然材料建设居住地。人类最初主要利用自然界中直接可获取的材料，如竹、木、骨、牙、皮、毛、石等。这些材料在人类生存和发展中起到了至关重要的作用。

二、无机非金属材料阶段

陶器是人类创造的第一种无机非金属材料，标志着人类从低级阶段向文明阶段的发展。中国是陶器的发源地，最早的人类利用黏土的可塑性将其加工成所需形状，然后用火烧制成型，实现了从天然材料到人工材料的转变。

随后至唐宋时期瓷器以其高温烧制、质地坚硬、釉面光滑等特点，成为中华文明的象征。在13世纪和14世纪，中国龙泉窑青瓷大量传入日本，成为当时最受欢迎的陶瓷之一。15世纪瓷器传到欧洲，对世界文明产生了深远影响。

三、金属材料阶段

公元前21世纪至公元前5世纪（中国）青铜器盛行，青铜是铜锡合金，具有优良的铸造性能和机械性能。中国青铜器的冶炼始于约公元前2000年（夏代晚期），西周早期萌芽列鼎制度，至中期趋于成熟，并在西周晚期至春秋早期形成严格礼制，青铜被广泛用于铸造武器、农具和礼器等。

从商代中期中国开始使用铁器，至春秋战国时期实现普遍应用，汉代达到全面普及。铁是地球上储量丰富的金属，具有优良的机械性能和可加工性。春秋战国末期，中国发明了生铁冶炼技术，大量使用铁器，推动了社会生产力的发展。

18世纪以后随着平炉和转炉炼钢技术的出现，钢铁产量激增，成为工业革命的主要物质基础。19世纪中叶，冶金业冶炼并轧制出抗拉和抗压强度都很高的建筑钢材，随后又生产出高强度钢丝、钢索等，使钢结构得到蓬勃发展。

四、高分子材料与复合材料阶段

20世纪30年代以后高分子材料兴起，高分子材料具有优良的物理、化学性能，广泛应用于各个领域。20世纪50年代初期，塑料制品的研究开始兴起，工程塑料逐渐发展成为重要的工业材料。

近代至现代复合材料快速发展，复合材料由不同材料组合而成，具有单一材料无法比拟的综合性能。随着科技的进步，各种复合材料如树脂基复合材料、陶瓷基复合材料、金属基复合材料等得到广泛应用。

五、新材料与智能材料阶段

21世纪以来新材料不断涌现，新材料具有特殊的功能和性能，如纳米材料、生物材料、生态环境材料等。随着科技的不断发展，各种新材料不断涌现，为人类社会的发展提供了更多的可能性。

近年来，智能材料出现在人们视线中，智能材料具有自感知、自调节、自修复等功能，能够对外界环境作出智能响应。智能材料在土木建筑工程、航空航天等领域的应用研究正在蓬勃发展。

工程材料的发展趋势呈现出高性能化、绿色生态化、智能化、多功能化以及多学科交叉融合的特点。

（一）高性能化

1. 轻质高强

随着科技的进步，工程材料正朝着更轻、更强的方向发展。例如，碳纤维复合材料因其优异的力学性能，被广泛应用于航空航天、汽车制造等领域，有效减轻了产品重量，提高了性能。

2. 高耐久性

在工程领域，材料的耐久性直接关系到工程结构的安全性和使用寿命。因此，研发具有更高耐久性的材料成为重要趋势，如耐候性更强的涂料、耐腐蚀性能更好的金属材料等。

3. 高抗震性

在地震等自然灾害频发的地区，对材料的抗震性能有更高的要求。因此，研发具有优异抗震性能的材料，如高阻尼材料、自修复材料等，对于提高工程结构的安全性具有重要意义。

（二）绿色生态化

1. 环境协调性

随着环保意识的增强，工程材料的环保性能越来越受到重视。绿色建材、生态建材等新型材料应运而生，这些材料在生产、使用和废弃过程中对环境的影响较小，符合可持续发展的要求。

2. 节能减排

工程材料在制备和使用过程中需要消耗大量的能源和资源，因此，研发节能减排的新型材料成为重要趋势。例如，采用低能耗生产工艺制备的材料、具有优异保温隔热性能的建筑材料等。

3. 可再生与可循环

为了减少对自然资源的依赖，研发可再生和可循环使用的工程材料成为重要方向。例如，利用废旧塑料制备的新型建筑材料、生物基可降解材料等。

（三）智能化

1. 智能感知与响应

随着物联网、大数据等技术的发展，工程材料正朝着智能化方向发展。

智能材料能够感知外界环境的变化并作出相应的响应，如自感知混凝土、自调节涂料等。

2. 自修复与自诊断

智能材料还具备自修复和自诊断功能。当材料出现损伤时，能够自动修复损伤部位或发出预警信号，提高工程结构的安全性和可靠性。

（四）多功能化

1. 简化构造与施工工艺

多功能材料能够同时满足多种使用需求，从而简化工程构造和施工工艺。例如，具有保温隔热和防水功能的复合材料能够减少施工步骤和成本。

2. 提高经济效益

多功能材料的应用还能够提高经济效益。通过减少材料种类和数量、降低施工难度和成本等方式，实现工程建设的整体优化。

（五）学科交叉与技术创新

1. 多学科交叉

工程材料的发展离不开多学科交叉融合。化学、物理学、材料科学、机械工程等多个学科的相互渗透和合作，为新型材料的研发提供了有力支持。

2. 技术创新

技术创新是推动工程材料发展的重要动力。通过引入新的制备工艺、改性技术和测试方法等手段，不断推动材料性能的提升和应用领域的拓展。

总之，工程材料的发展趋势呈现出高性能化、绿色生态化、智能化、多功能化以及多学科交叉融合的特点。这些趋势的实现将需要不断的科技投入和跨学科合作，同时也将为工程领域的可持续发展提供有力保障。

第一章 工程材料概述

习　题

一、选择题

1. 工程材料在交通领域的应用不包括（　　）。
   A. 沥青　　　　B. 混凝土　　　　C. 铝合金　　　　D. 塑料
2. 下列不属于工程材料的主要功能的是（　　）。
   A. 承载荷载　　　　　　　　B. 抵御自然侵蚀
   C. 降低成本　　　　　　　　D. 提高施工效率
3. 复合材料是由两种或两种以上不同性质的材料通过（　　）结合而成的。
   A. 物理或化学方法　　　　　B. 机械混合
   C. 焊接　　　　　　　　　　D. 胶粘
4. 下列属于高分子材料的是（　　）。
   A. 水泥　　　　B. 橡胶　　　　C. 钢铁　　　　D. 陶瓷
5. 导电性最好的金属是（　　）。
   A. 银　　　　B. 铜　　　　C. 铝　　　　D. 铁
6. 材料的抗拉强度属于（　　）。
   A. 机械性能　　B. 化学性能　　C. 工艺性能　　D. 物理性能
7. 中国青铜器冶炼技术始于（　　）时期。
   A. 新石器　　　　　　　　　B. 春秋战国
   C. 唐宋　　　　　　　　　　D. 公元前21世纪
8. 21世纪工程材料发展的核心趋势之一是（　　）。
   A. 低成本化　　　　　　　　B. 高性能化
   C. 单一功能化　　　　　　　D. 低环保要求

二、填空题

1. 工程材料的选择需综合考虑_____、_____和_____等因素。
2. 在水利领域，常用的工程材料包括_____、_____和_____。
3. 黑色金属材料主要包括_____和_____。
4. 有机非金属材料包括_____、_____和木材等。
5. 热膨胀性的定义是材料在温度变化时发生的_____变化。
6. 常见的硬度测试方法有_____、_____和维氏硬度。

三、思考题

1. 简述工程材料在建筑领域中的具体应用（至少举3例）。
2. 为什么工程材料的环保性日益受到重视？
3. 对比金属基复合材料与非金属基复合材料的优缺点。
4. 举例说明复合材料在航空航天领域的应用。
5. 解释"疲劳强度"的含义及其实际意义。
6. 为什么高温环境下需优先选用难熔金属？
7. 结合实例说明绿色生态化趋势对工程材料选择的影响。
8. 论述智能材料（如自修复混凝土）在土木工程中的应用前景。

第三章

材料的微观特性

材料的微观结构指的是材料在原子、分子或晶体层面上的组织和排列状态。这种微观结构对材料的性能和行为具有直接而深远的影响。根据材料类型的不同，其微观结构也呈现出多样性。例如，金属材料、陶瓷材料、高分子材料、复合材料等，各自具有独特的微观结构特征。

晶体与非晶体是固体材料中的两大类，它们在微观结构和宏观性质上有着显著的差异。

晶体作为自然界中一种独特的固态物质形态，其本质在于内部粒子（原子、离子或分子）遵循着高度精密的三维空间排列规则。这种排列绝非偶然，而是基于粒子间作用力的精确平衡，在宏观尺度上展现出严格的秩序性。

当观察晶体结构时，会发现一个显著特征：粒子间的相对位置在微米级乃至更大的尺度上保持严格重复。这种跨越宏观距离的规律性被称为"长程有序"。每个粒子的位置都被精确设定，共同构建起晶体的基本框架。以食盐晶体为例，钠离子和氯离子在立方晶格中交替排列，这种长程有序性确保了晶体结构的稳定。

为了理解晶体的周期性，引入了"点阵"这一抽象概念。想象将晶体中的粒子简化为几何点，这些点按照特定周期在三维空间延伸，形成的空间网格即为点阵。以金刚石结构为例，碳原子在面心立方点阵基础上通过共价键连接。

晶体结构的周期性不仅体现在点阵排列上，更衍生出两组重要几何要素：晶面与晶向。晶面是原子密度相同的等间距平面，晶向则是特定方向上原子排列的直线。这种各向异性的几何特征，直接导致晶体在不同方向上展现出显著差异的物理性质。例如，石墨晶体沿层间方向（晶向）导电性极强，而垂直方向（晶面）则呈现绝缘特性。

晶体最称奇的能力在于"自范性"——在过饱和溶液中，离子会自动排列成具有封闭几何外形的晶体。这种现象源于晶体生长过程中，不同晶面的表面能差异驱动着粒子选择性地附着在特定位置，最终塑造出多面体形态。溶液中的离子遵循能量最低原理，将无序转化为完美的几何秩序。

非晶体作为一类内部粒子排列呈现相对无序特征的固体材料，也被称为无定形体或玻璃态物质，其结构与晶体存在显著差异。晶体拥有规则的几何外形和固定熔点，而非晶体则完全不具备这些特征。其独特结构可概括为"短程有序，长程无序"。在微观尺度上，粒子排列可能呈现局部有序性，但宏观尺度上则完全无序，缺乏晶体特有的点阵结构及规则晶面晶向。

这种结构特性直接导致了非晶体独特的物理性质。一方面，其各向同性特征显著，即材料在各个方向上的物理性能基本一致；另一方面，非晶体不具备自范性，这意味着它无法自发形成规则几何外形，与晶体在外形上的天然规整形成鲜明对比。在热学行为上，非晶体熔化时温度连续变化，不存在明确的固定熔点，这与晶体熔化时温度保持恒定的特性形成本质区别。

金属、盐类、石英、钻石等都是常见的晶体材料。它们在工业、科技、日常生活等领域有着广泛的应用。

玻璃、塑料、橡胶、陶瓷中的某些玻璃态物质等都是非晶体的代表，它们也各自具有独特的用途和特性。

第一节

金属材料的组织结构与结晶

金属材料的组织结构是指其内部原子或分子的排列方式和组合状态，它决定了材料的物理和化学性质，以及机械性能。金属材料的组织结构主要包括以下几个方面。

晶体结构是金属材料中最基本的组织结构，由原子通过化学键的方式排列而成。金属晶体结构通常为紧密堆积或面心立方结构。紧密堆积的晶体结构中，原子分布紧密，没有空隙，金属的密度较高；而面心立方结构中，每个原子周围都有最靠近的三个原子,因此也是密堆积结构之一。晶体结构的不同将导致金属的性能也有所不同。

一、金属晶体的典型结构

(一)体心立方晶格(BCC)

在体心立方晶格中,原子位于立方体的八个顶点和中心。这种结构的金属材料通常具有较高的韧性和延展性。例如,铁(α-Fe)、铬(Cr)、钒(V)、钨(W)、钼(Mo)等金属就具有体心立方晶格结构。

(二)面心立方晶格(FCC)

在面心立方晶格中,原子位于立方体的八个顶点和每个面的中心。这种结构的金属材料通常具有较高的硬度和脆性。例如,铁(γ-Fe)、铝(Al)、铜(Cu)、镍(Ni)等金属就具有面心立方晶格结构。

(三)密排六方晶格(HCP)

在密排六方晶格中,原子位于正六棱柱的结点、上下底面中心以及柱体中心。这种结构的金属材料也具有独特的性能。例如,镁(Mg)、锌(Zn)、铍(Be)、钛(α-Ti)、钴(α-Co)等金属就具有密排六方晶格结构。

二、晶体结构对金属性能的影响

(一)硬度与韧性

如前所述,面心立方结构的金属材料通常具有较高的硬度和脆性,而体心立方结构的金属材料则具有较高的韧性和延展性。这是由于不同晶体结构中原子排列的紧密程度和方式不同所导致的。

(二)导电性与导热性

金属晶体的导电性和导热性主要与其内部的自由电子数量有关。由于金属晶体中自由电子的数量较多且能够在整个晶体中自由运动,因此金属通常具有很好的导电性和导热性。然而,不同晶体结构的金属在导电性和导热性方面也可能存在差异,这取决于其内部原子排列对自由电子运动的影响程度。

(三)塑性变形与强度

金属的塑性变形和强度与其晶体结构密切相关。例如,体心立方结构的金属在受到外力作用时容易发生塑性变形而不易断裂,因此具有较高的韧性。而面心立方结构的金属则可能更容易发生脆性断裂。此外,金属中的晶体缺陷(如点缺陷、线缺陷和面缺陷)也会对其塑性变形和强度产生影响。这些缺陷会破坏晶体的完整性并降低其力学性能。

(四)其他性能

除了上述性能外,金属的晶体结构还可能影响其冲击韧度、疲劳强度、耐腐蚀性等其他性能。例如,体心立方晶格的金属可能具有较低的冲击韧度并容易出现脆韧转变温度;而面心立方晶格的金属则可能具有较高的冲击韧度和较好的耐腐蚀性。

第二节
材料的结晶

一、金属材料的结晶

金属材料的结晶是指金属从液态冷却转变为固态的过程,是原子从不规则排列的状态过渡到原子规则排列的晶体状态的过程。这个过程包括晶核核心形成和晶核长大两个基本阶段。

第一阶段晶核核心形成,当液态金属冷却到某一温度时,原子开始聚集形成小的晶核核心，这些核心将成为后续晶体生长的基础。第二阶段晶核长大，一旦晶核核心形成，周围的原子将继续向核心聚集，使晶核逐渐长大。随着晶核的长大，相邻的晶核可能会相遇并合并，形成更大的晶体。

二、结晶过程的影响因素

（一）冷却速度

冷却速度越快，液态金属的原子越难以有序排列，形成的晶体尺寸越小，甚至可能形成非晶态结构。

（二）杂质和添加剂

杂质和添加剂的存在会影响原子的排列和晶体的生长方式，从而影响结晶过程和最终材料的性能。

（三）温度梯度

温度梯度的大小和方向也会影响晶体的生长速度和方向。

金属材料的组织结构与结晶过程是密切相关的。组织结构决定了材料的性能和应用范围，而结晶过程则是形成这些组织结构的关键步骤。通过控制结晶过程，可以调整金属材料的组织结构，从而优化其性能以满足不同的工程需求。

三、合金的晶体结构

合金是由两种或两种以上的金属元素或金属与非金属元素组成的具有金属性质的物质。以下是一些常见的合金及其组成的例子。

钢是一种铁碳合金，主要由铁（Fe）和碳（C）组成，还可能包含其他合金元素，如锰（Mn）、硅（Si）、镍（Ni）、铬（Cr）等，以提高其强度、硬度、耐腐蚀性或其他特定性能。

黄铜是铜（Cu）和锌（Zn）的合金。根据锌的含量不同，黄铜的颜色、硬度和强度也会有所不同。常见的黄铜包括60%铜和40%锌的"四六黄铜"以及70%铜和30%锌的"七三黄铜"。

铝合金主要由铝（Al）和其他金属元素，如铜（Cu）、镁（Mg）、锰（Mn）、硅（Si）等组成。铝合金因其轻量、高强度和耐腐蚀性能而被广泛用于航空航天、汽车制造和建筑等领域。

镍铬合金是一种由镍（Ni）和铬（Cr）组成的合金，通常还包含其他元素，如铁（Fe）、碳（C）等。这种合金具有优异的耐腐蚀性、高温稳定性和机械性能，常用于制造电热丝、电阻器和其他高温应用部件。

青铜是由铜（Cu）与其他金属元素［如锡（Sn）、铝（Al）、锌（Zn）或铅（Pb）等］组成的合金。青铜具有优异的铸造性能和耐磨性，常被用于制造齿轮、轴承和雕塑等。

不锈钢是一种铁基合金，主要含有铁（Fe）、铬（Cr）、镍（Ni）等元素，并可能包含其他元素［如钼（Mo）、钛（Ti）等］以提高其耐腐蚀性。不锈钢因其出色的抗腐蚀性能而被广泛用于制造厨具、医疗器械和建筑构件等。

四、合金晶体结构的基本特征

（一）周期性

合金晶体结构具有周期性，即原子在空间中按一定的规律排列，形成一系列的重复单元。这些重复单元被称为晶胞，晶胞是描述晶体结构的基本单位。合金的晶体结构可以看作是由无数个晶胞在三维空间中周期性重复排列而成的。

（二）多样性

合金晶体结构的多样性源于其组成元素的多样性和它们之间的相互作用。不同元素的比例、种类以及结晶方式都会导致合金晶体结构的差异。例如，同样是铁碳合金，但由于碳含量的不同，可以形成钢（低碳钢、中碳钢、高碳钢等）和铸铁（灰铸铁、球墨铸铁等）等不同类型的合金，它们的晶体结构也各不相同。

（三）组元间相互作用

在合金中，组元之间的相互作用是影响其晶体结构的重要因素。这些相互作用包括金属键、离子键、共价键等。不同组元之间的相互作用力不同，会导致晶体结构的差异。例如，在铜锌合金（黄铜）中，铜原子和锌原子之间的相互作用形成了置换固溶体或有限固溶体，其晶体结构与纯铜或纯锌的晶体结构有所不同。

（四）相结构

合金中的相是指成分、结构均相同的组成部分，相与相之间具有明显的界面。合金的晶体结构通常包含多种相，这些相的性能和形态对合金的整体性能有重要影响。例如，在铁碳合金中，铁素体（F）和渗碳体（Fe_3C）是两种常见的相。铁素体是碳溶于 $\alpha-Fe$ 中形成的固溶体，具有较低的硬度和良好的塑性；而渗碳体则是碳和铁形成的金属化合物，具有很高的硬度和脆性。这两种相在合金中的分布和比例会直接影响合金的力学性能和加工性能。

（五）晶体缺陷

合金晶体结构中还可能存在各种晶体缺陷，如点缺陷、线缺陷和面缺陷等。这些缺陷对合金的性能也有重要影响。例如，点缺陷（如空位、间隙原子等）会影响合金的导电性、导热性和机械性能；线缺陷（如位错）则会影响合金的塑性和韧性；面缺陷（如晶界）则可能影响合金的耐腐蚀性和强度。

五、合金晶体结构的类型

合金晶体结构的类型丰富多样，这些类型主要取决于合金的组成元素、元素间的相互作用及结晶过程中的条件。

（一）固溶体

固溶体是合金中最常见的晶体结构类型之一，它指的是组成合金的组元在固态时相互溶解，所形成的单一均匀的物质。表示方法：固溶体一般用 α、β 等符号表示，也可用 A（B）表示，其中 A 为溶剂，B 为溶质。根据溶质原子在溶剂晶格中所占位置的不同，固溶体通常可以分为置换固溶体和间隙固溶体两种。

在置换固溶体中，溶质原子取代了溶剂晶格中的部分溶剂原子，从而形成了新的晶体结构。这种固溶体的特点是晶格常数会发生变化，但晶格类型通常保持不变。例如，在铜镍合金中，镍原子可以置换部分铜原子，形成置换固溶体。

置换固溶体的性能往往介于溶剂和溶质金属之间，但某些性能可能得到显著改善。例如，通过添加适量的镍元素，可以提高铜合金的强度和耐腐蚀性。

间隙固溶体是指溶质原子填充在溶剂晶格的间隙位置中。这种固溶体通常发生在溶剂金属的晶格中存在较大的间隙时，如过渡金属中的八面体或四面体间隙。例如，在铁碳合金中，碳原子可以以间隙原子的形式存在于铁的晶格中，形成间隙固溶体。

间隙固溶体通常具有较高的硬度和脆性，因为间隙原子的存在会破坏溶剂金属的晶格完整性，增加晶格畸变。

固溶体随着溶质原子的溶入，晶格发生畸变，增大了金属位错运动的阻力，从而提高了固溶体的强度和硬度，但塑性、韧性会有所下降。这种强化作用称为固溶强化，是生产中金属强化的一种重要形式。

（二）金属化合物

金属化合物是合金中另一种重要的晶体结构类型。它是由合金组元间发生化学反应而生成的晶格类型和性能不同于任一组元的物质。金属化合物通常具有较高的熔点和硬度，但塑性和韧性较差。

有序金属化合物是指合金中的原子在晶格中按一定规律排列，形成有序结构。这种结构通常具有特定的化学式和晶体结构。例如,渗碳体（Fe_3C）就是一种有序金属化合物,它在铁碳合金中广泛存在。

与有序金属化合物相比,无序金属化合物的原子在晶格中的排列没有特定的规律。这种结构通常具有较宽的成分范围和复杂的晶体结构。例如,某些铝合金中的金属间化合物就属于无序金属化合物。

（三）机械混合物

机械混合物是由两种或多种具有不同晶体结构的相组成的混合物。这些相在合金中通常以颗粒状、层状或网状等形式分布。机械混合物的性能取决于各组成相的性能、数量以及它们之间的相互作用。

共晶混合物是指在一定温度下,两种或多种金属元素同时结晶形成的混合物。这种混合物通常具有较低的熔点和良好的流动性,适用于铸造等工艺。例如,铜锡合金中的共晶混合物就具有良好的铸造性能。

包晶混合物是指一种金属元素在另一种金属元素的晶格中析出形成的混合物。这种混合物通常具有复杂的晶体结构和较高的硬度。例如,某些钢中的碳化物包晶混合物就具有较高的硬度和耐磨性。

六、合金晶体结构的影响因素

合金的晶体结构是其物理、化学及力学性能的基础,而这一结构受到多种因素的深刻影响。

（一）组成元素及其比例

合金的组成元素及其比例是影响其晶体结构的首要因素。不同元素之间的相互作用和溶解度差异会显著影响合金的晶体结构。例如,在铁碳合金中,随着碳含量的增加,合金的晶体结构会从铁素体（F）逐渐转变为珠光体（P）,再进一步转变为渗碳体（Fe_3C）。这种转变不仅改变了合金的力学性能,还影响了其加工性能和耐腐蚀性。

此外,元素之间的化学亲和力也会影响合金的晶体结构。当两种元素之间的化学亲和力较强时,它们更容易形成金属化合物,如渗碳体（Fe_3C）、铜锌合金（CuZn）等。这些金属化合物通常具有特定的晶体结构和性能，对合金的整体性能产生重要影响。

（二）冷却条件

合金在凝固过程中的冷却速度也是影响其晶体结构的关键因素。快速冷却可能导致非晶态或亚稳态结构的形成，这些结构通常具有较高的硬度和脆性，但塑性和韧性较差。例如，某些快速凝固的合金可以形成非晶态结构，这种结构在力学性能上具有独特的优势，如高强度和高硬度。

相反，缓慢冷却则有利于形成平衡态的晶体结构。在缓慢冷却过程中，合金中的原子有足够的时间进行有序排列，从而形成更加稳定的晶体结构。这种结构通常具有较好的塑性和韧性，但硬度和强度可能相对较低。

（三）热处理工艺

热处理工艺是改变合金晶体结构、改善其性能的重要手段。通过退火、淬火、回火等热处理工艺，可以调整合金的晶体结构，从而优化其力学性能、耐腐蚀性、耐磨性等。

例如，退火处理可以降低合金的硬度，提高其塑性和韧性。在退火过程中，合金中的应力得到释放，晶粒得到细化，从而提高了合金的加工性能和综合力学性能。淬火处理则可以提高合金的硬度和强度。在淬火过程中，合金被迅速冷却到马氏体转变点以下，形成马氏体组织。马氏体是一种高硬度和高强度的晶体结构，可以显著提高合金的力学性能。回火处理则是在淬火后进行的一种低温热处理，旨在消除淬火应力、提高合金的塑性和韧性。在回火过程中，马氏体组织逐渐分解为铁素体和碳化物等更稳定的晶体结构，从而改善了合金的综合性能。

（四）其他因素

除了上述因素外，还有一些其他因素也会影响合金的晶体结构。例如，合金中的杂质元素、合金的制备方法（如铸造、锻造、轧制等）及合金的使用环境等都会对合金的晶体结构产生影响。因此，在合金的制备和使用过程中，需要综合考虑这些因素，以优化合金的晶体结构和性能。

第三节
合金的结晶

合金是由两种或两种以上的金属元素或者金属和非金属熔合在一起形成的具有金属性能的物质。物质从液态（溶液或熔融状态）或气态形成晶体的过程被称为结晶，合金的结晶过程则是在一定温度和压力下，原子从无序排列逐渐形成有序排列的过程。

一、合金结晶的详细过程

合金的结晶，作为材料科学中的核心现象之一，其过程远比纯金属的结晶更为复杂且多样化。从液态向固态的转变，不仅是原子排列方式的简单变化，更是多种物理和化学作用交织的结果。主要分为形核、长大、相变、晶粒长大四个阶段。

（一）形核阶段

在合金熔体中，原子间的相互作用复杂多变，形成了动态的、非均匀的液体结构。随着温度的逐渐降低，局部区域的原子开始因为能量降低而趋于有序排列，形成所谓的"晶胚"。这些晶胚在热力学和动力学因素的共同作用下，逐渐成长为稳定的晶核。形核速率和数量受到多种因素的影响，如合金成分、温度梯度、外部扰动等。

（二）长大阶段

一旦晶核形成，周围的液态原子会持续向晶核表面迁移，并按照晶体的特定结构进行排列，从而使晶体不断长大。此阶段，原子的扩散速率成为决定晶体生长速度的关键因素。同时，由于合金中不同元素之间的扩散速率差异，可能导致晶体内部成分的不均匀分布，即所谓的"枝晶偏析"。

（三）相变阶段

随着温度的进一步降低，合金中的某些区域可能达到特定的热力学条件，从而发生相变。这可能包括固溶体的分解、新相的形成等。相变过程往往伴随着能量的释放或吸收，以及晶体结构的显著变化，对合金的最终性能产生深远影响。

（四）晶粒长大阶段

在相变结束后，随着温度的继续降低或时间的延长，已形成的晶粒可能会继续长大，直至达到热力学平衡状态。晶粒的大小和形态对合金的机械性能、耐腐蚀性等具有重要影响。

二、合金结晶的显著特点

合金结晶的特点主要体现在其复杂性和多样性上，这源于合金中多种组元间的相互作用，其核心特点可归纳为以下四点，这些特性直接影响合金的组织与性能。

（一）宽结晶温度范围

合金中含多种元素，其熔点各异且存在相互作用，导致结晶需在较宽温度区间内进行。例如，铝合金中 Si 的含量增加会显著拓宽结晶温度的范围。宽结晶温度范围使合金凝固缓慢，易产生成分偏析和缩松缺陷，降低力学性能和切削加工性。生产中需通过控制冷却速率或添加变质剂来优化组织。

（二）复杂的结晶组织

合金的结晶组织通常包括固溶体、金属化合物和机械混合物等多种类型。固溶体是溶质原子均匀分布于溶剂晶格中，如 Al-Cu 合金中的 α 固溶体。金属化合物：如渗碳体 Fe_3C，具有高硬度但脆性大，常以细小颗粒弥散分布强化基体。机械混合物是由固溶体与金属化合物混合组成，兼具强度和韧性，如45钢。复杂的组织赋予合金高强度、耐磨性等特性，但不同组织形态和分布会导致性能差异。

（三）固溶强化效应

溶质原子融入溶剂晶格，引发晶格畸变，阻碍位错运动，从而提高强度和硬度。例如，Cu – Ag合金中Ag原子固溶使铜强度显著提升。固溶强化是提升合金机械性能的有效手段，但过量溶质可能会降低塑性和韧性。实际应用中需平衡溶质浓度与性能需求。

（四）枝晶偏析现象

枝晶偏析是指固溶体晶粒内部化学成分的不均匀分布。在快速冷却条件下，液态合金以树枝状方式结晶时，由于原子在固相中的扩散速度较慢，先析出的枝晶与后析出的枝晶间化学成分存在差异，导致晶粒内部成分不均。枝晶偏析显著降低合金塑性和韧性，增加热加工开裂风险。因此，需要通过适当的热处理工艺进行消除或减轻，例如，均匀化退火，通过长时间保温促进原子扩散均匀化。

三、影响合金结晶的关键因素

合金结晶是一个复杂的物理化学过程，受多种内外因素的共同影响。这些因素通过改变结晶动力学和热力学条件，最终决定合金的组织与性能，关键因素主要体现在形核条件、合金成分、冷却条件及外部扰动四个方面。

（一）形核条件

形核是结晶的起点，其条件决定了晶核的数量与分布。形核温度、形核时间及形核衬底的种类、数量和形状都会对形核过程产生显著影响。形核温度是关键驱动力，过冷度越大，形核速率越高；形核时间延长可增加晶核数量，但需避免过度粗化。形核衬底的种类、数量及形状也显著影响形核效率，例如，凹面衬底能降低形核功，促进异相形核；润湿角小的衬底与结晶相原子结构匹配度高，形核更易进行。

（二）合金成分

合金成分是结晶行为的内在决定因素。合金中各组元的种类、含量及它们之间的相互作用关系是影响合金结晶组织和性能的关键因素。主元含量影响基体结构与性能，如铝合金中铝含量决定其流动性与固溶强化效果。合金元素通过形成强化相提升强度，但过量可能会降低塑性。杂质元素（如铁）易形成脆性相，需严格控制。组元间的电负性、原子尺寸差异进一步影响固溶度与化合物形成倾向，从而改变结晶路径。

（三）冷却条件

冷却速率对合金的结晶组织和性能具有重要影响。快速冷却抑制晶核长大与原子扩散，形成细小晶粒与过饱和固溶体，提高硬度但可能降低塑性。缓慢冷却允许晶核充分长大与相变完成，促进第二相析出与成分均匀化，提升塑性与韧性。冷却速率还影响偏析程度，快速冷却可减轻比重偏析与枝晶偏析。

（四）外部扰动

外部扰动通过改变熔体状态与界面行为影响结晶。电磁场利用洛伦兹力驱动对流，均匀温度场与成分场，同时磁致过冷改变形核热力学条件。超声波通过空化效应破碎枝晶，增加形核点，并加速原子扩散促进成分均匀化。两类扰动均可细化晶粒、改善组织均匀性，从而提升合金综合性能。

四、合金相图

合金相图是在平衡条件下（即缓慢加热或冷却条件下），表示合金系中不同温度、成分下各相之间关系的图表。它反映了合金在加热和冷却过程中相的转变规律，是理解合金结晶过程、优化合金性能的重要基础。以下将从液相线、固相线等基本界线出发，逐步探讨单相区、两相区等特殊区域的功能特性，最终延伸至共晶点、包晶反应区及亚稳相区等复杂相变行为，系统揭示合金相图。

(一) 液相线

液相线在合金相图中占据核心地位,它表示合金在平衡冷却条件下开始从液态向固态转变的温度界限。当合金的温度降至液相线以下时,液态合金中将开始析出固相。值得注意的是,液相线并非一条直线,而是随着合金成分的变化而呈现出复杂的曲线形态。这种形态的变化反映了合金中不同元素间的相互作用及其对相变温度的影响。

(二) 固相线

与液相线相对应,固相线表示合金在平衡冷却条件下完全转变为固态的温度界限。在固相线以下,合金将处于完全固态。固相线的形态同样受到合金成分和元素间相互作用的影响,呈现出与液相线相似的曲线形态。然而,固相线与液相线之间的区域,即两相区,是合金在冷却过程中发生固液共存现象的关键区域。

(三) 单相区

在合金相图中,单相区是指合金在某一特定温度和成分下仅存在一种相态的区域。这些相态可以是固溶体、金属化合物或机械混合物等。单相区的存在意味着合金在该区域内具有相对稳定的结构和性能。通过调整合金的成分和温度,可以实现对单相区范围和相态的精确控制,从而优化合金的性能。

(四) 两相区

两相区是合金相图中另一个重要的构成元素,它表示合金在某一特定温度和成分下同时存在两种相态的区域。在两相区内,合金的性能将受到两种相态的共同影响。例如,在共晶反应中,合金将在共晶点处同时析出两种固相,形成共晶组织。这种组织具有独特的力学性能和物理性能,因此在许多工程应用中具有重要意义。

（五）共晶点

共晶点是合金相图中的一个特殊点，它表示合金在某一特定成分和温度下发生共晶反应的条件。在共晶点上，合金将同时析出两种固相，形成共晶组织。共晶组织的形态和性能取决于合金的成分、冷却速率以及共晶反应的类型等因素。通过控制这些因素，可以实现对共晶组织形态和性能的精确调控。

（六）包晶反应区

除了共晶反应外，合金相图中还可能存在包晶反应区。包晶反应是指一种固相与液态合金反应生成另一种固相的过程。在包晶反应区内，合金的性能将受到包晶反应的影响。通过调整合金的成分和温度，可以实现对包晶反应类型和程度的控制，从而优化合金的性能。

（七）亚稳相区

在某些情况下，合金相图中还可能存在亚稳相区。亚稳相是指在非平衡条件下形成的、相对于平衡相具有更高能量的相态。亚稳相区的存在意味着合金在某些条件下可能形成具有特殊性能的非平衡组织。通过控制合金的冷却速率、热处理工艺等因素，可以实现对亚稳相的形成和性能的调控。

五、合金结晶的应用探索

合金的结晶过程对于合金材料的开发和应用具有重要意义。通过深入研究合金的结晶过程和特点，可以为合金材料的性能优化和新型合金材料的开发提供理论指导和实验依据。

高性能合金材料的开发：通过调整合金成分、优化热处理工艺等手段，可以获得具有高强度、高韧性、高耐磨性、高耐腐蚀性等优良性能的合金材料。这些材料在航空航天、汽车制造、石油化工等领域具有广泛的应用前景。

新型合金材料的探索：随着科学技术的不断进步和人们对材料性能要求的不断提高，新型合金材料的开发成为材料科学领域的重要研究方向。通过深入研究合金的结晶过程和特点，可以发现新的合金体系和制备工艺，从而开发出具有更高性能的新型合金材料。

合金材料的性能优化：针对现有合金材料存在的问题和不足，可以通过调整合金成分、改变热处理工艺等手段进行性能优化。例如，通过调整合金中各组元的含量和比例，可以改善合金的力学性能和耐腐蚀性能；通过优化热处理工艺参数，可以获得更加均匀细致的晶粒结构和更高的综合性能。

总之，合金的结晶过程是一个复杂而有趣的现象，它涉及多种物理和化学作用的交织和相互影响。通过深入研究合金的结晶过程和特点，我们可以为合金材料的开发和应用提供更加丰富和深入的认识和理解。

第四节
碳铁合金相图

一、基本组成与坐标

碳铁合金相图，作为材料科学领域的一项基石，通过图形化的方式揭示了铁与碳两种元素在不同比例和温度条件下所呈现的相态及其相互关系。该相图以温度为纵坐标，以碳含量（通常以质量百分比表示）为横坐标，构建了一个直观且全面的框架，用于描述铁碳合金在加热、冷却及平衡状态下的组织转变规律。

温度坐标：涵盖了从室温至铁碳合金熔点以上的广泛范围，每个特定的温度点都对应着合金内部原子排列状态的可能变化。

碳含量坐标：从纯铁（几乎不含碳）到高碳合金，碳含量的变化直接影响了合金的微观结构、力学性能和物理特性。

二、相图中的相：结构与性质的详尽阐述

碳铁合金相图中的相是构成合金微观结构的基本单元，它们各自具有独

特的晶体结构和物理化学性质。

（一）液相（L）

（1）定义：在高温下，铁与碳完全溶解于液态中形成的相。

（2）特性：流动性好，易于浇铸成型，但冷却后需经历相变才能形成固态结构。

（二）δ相（高温铁素体）

（1）定义：存在于高温区域的铁素体相，碳原子在 δ–Fe 中的溶解度较高。

（2）特性：随温度降低，δ 相会向 α 相转变，是高温下铁碳合金的主要固相之一。

（三）α相（铁素体 F）

（1）定义：室温下稳定存在的铁素体相，碳原子在 α–Fe 中的溶解度较低。

（2）特性：具有良好的塑性和韧性，但强度和硬度相对较低，是低碳钢和软钢的主要组成相。

（四）γ相（奥氏体 A）

（1）定义：高温下稳定存在的面心立方结构相，碳原子在 γ–Fe 中的溶解度较高。

（2）特性：易于进行塑性变形，是钢在热加工过程中的主要相，冷却后可转变为多种其他相。

（五）Fe_3C（渗碳体）

（1）定义：铁与碳的化合物，化学式为 Fe_3C，硬度极高，脆性大。

（2）特性：作为钢中的强化相，它的存在可以提高钢的硬度和耐磨性，但会降低塑性和韧性。

三、重要反应与特征点

碳铁合金相图中的重要反应和特征点,不仅标志着合金相态的转变,也决定了合金的最终性能。

(一) 重要反应

1. 包晶反应

(1) 定义:发生在1495℃,涉及液相、δ铁素体和奥氏体三相共存的反应。

(2) 意义:是高温下铁碳合金相变的重要过程,对合金的微观结构和性能有重要影响。

2. 共晶反应

(1) 定义:发生在1148℃,涉及液相、奥氏体和渗碳体三相共存的反应。

(2) 产物:莱氏体,一种由奥氏体和渗碳体组成的机械混合物,具有独特的力学性能和微观结构。

3. 共析反应

(1) 定义:发生在727℃,涉及奥氏体、铁素体和渗碳体三相共存的反应。

(2) 产物:珠光体,一种由铁素体和渗碳体交替排列形成的层状结构,具有良好的综合力学性能。

(二) 特征点

(1) GS线(A_3线):标志着奥氏体中开始析出铁素体或铁素体全部溶入奥氏体的转变温度。

(2) ES线(A_{cm}线):表示碳在奥氏体中的最大溶解度线,超过此线,奥氏体将不稳定。

(3) PQ线:表示碳在铁素体中的最大溶解度线,是区分铁素体和渗碳体的重要界线。

四、铁碳合金的分类与特性

根据碳铁合金相图,铁碳合金被精细地划分为多个类别,每类合金都有其独特的成分、结构和性能。

(一) 工业纯铁

(1) 定义:含碳量极低(≤0.0218%),几乎不含其他合金元素。

(2) 特性:具有优异的塑性和韧性,但强度和硬度较低,主要用于制造对强度要求不高的部件。

(二) 钢

(1) 定义:含碳量在 0.0218%～2.11%,可根据含碳量进一步细分为亚共析钢、共析钢和过共析钢。

(2) 特性:通过热处理可调整其力学性能和微观结构,广泛应用于各种工程领域。

(三) 铸铁

(1) 定义:含碳量高于 2.11%,通常含有较高的硅、锰等元素。

(2) 特性:具有较高的硬度和耐磨性,但塑性和韧性较差,主要用于制造对强度要求不高的重型部件。

五、碳铁合金相图的应用与实践

碳铁合金相图不仅是理论研究的基础,更是指导实际生产的重要工具。

材料选择与设计:通过分析碳铁合金相图,可以根据所需性能选择合适的合金成分和热处理工艺。

热加工工艺优化:碳铁合金相图提供了关于合金在不同温度下的相变信息,有助于制定合理的铸造、锻造和轧制工艺。

热处理工艺制定：根据碳铁合金相图，可以确定淬火、回火等热处理工艺的最佳参数，以获得所需的微观结构和性能。

失效分析与质量控制：通过分析合金的微观结构和相组成，可以判断材料的失效原因，并采取相应的质量控制措施。

碳铁合金相图不仅是材料科学领域的一项基本工具，更是连接理论与实践的桥梁。它为我们提供了深入理解和优化铁碳合金性能的关键信息，对于推动材料科学的发展和应用具有重要意义。

习　题

一、概念理解

1. 什么是材料的微观结构？
2. 晶体与非晶体在微观结构和宏观性质上有何主要区别？
3. 金属的三种典型晶体结构（体心立方、面心立方、密排六方）各有哪些典型金属？举例说明。
4. 什么是晶胞？为什么晶胞是描述晶体结构的基本单位？
5. 解释"自范性"和"各向异性"的含义，并分别举出实例。

二、简答题

1. 简述金属结晶的基本过程（晶核形成与晶核长大），需说明两个阶段的关键点及影响因素。
2. 结合体心立方、面心立方结构的差异分析，为什么不同晶体结构的金属具有不同的力学性能（如硬度、韧性）？
3. 什么是固溶强化？其原理是什么？
4. 在碳铁合金相图中，共析反应和共晶反应的定义及产物是什么？

三、作图题

绘制碳铁合金相图的简化示意图,标出液相线、固相线、共析点(727℃)及莱氏体区(标注关键温度和碳含量范围)。

四、思考题

1. 如何通过控制结晶条件(如冷却速度、添加剂)优化铝合金的强度与耐腐蚀性?

2. 未来新能源领域(如锂电池、氢能源)对材料微观结构有何新要求?举例说明可能的材料设计方向。

第三章

钢的热处理

第一节

钢的热处理概述

一、热处理的实质、主要目的和应用范围

（一）热处理的实质

热处理是一种对材料进行加热和冷却以改变其物理和化学性质的过程。它的实质在于通过控制材料的加热温度、保温时间和冷却速度，来调整材料内部的微观组织结构，从而获得所需的性能。

（二）热处理的主要目的

（1）改善力学性能：通过热处理可以提高材料的强度、硬度、韧性、塑性等力学性能。

（2）消除内应力：通过退火或回火等热处理方法，可以消除材料在加工过程中产生的内应力，稳定尺寸。

（3）改变物理和化学性质：热处理可以改变材料的导电性、磁性、耐腐蚀性等物理和化学性质。

（4）优化加工性能：通过热处理可以使材料更容易进行切削、锻造、焊接等加工工艺。

（三）热处理的应用范围

热处理的应用范围广泛，涉及多个重要行业。在机械制造业中，热处理常用于提升轴承、齿轮等零部件的强度、硬度和耐磨性；汽车制造业则依赖

热处理提高发动机、传动系统等部件的性能和寿命；航空航天领域更是热处理技术大展身手的舞台，其高强度、轻量化和高性能要求促使热处理在制造飞机发动机、轮毂等部件中不可或缺；此外，电子制造业也利用热处理改善电子元器件的电性能和可靠性。总之，热处理技术在提升材料性能、满足特定行业需求方面发挥着重要作用。

二、热处理的分类

（一）根据加热、冷却方式分类

根据加热、冷却方式的不同，热处理可分为：

（1）普通热处理：包括退火、正火、淬火和回火四种基本工艺，通过控制加热温度和冷却速度来改变材料的组织和性能。

（2）表面热处理：主要对材料表面进行热处理，如表面淬火和化学热处理（渗碳、氮化等），以改善表面性能。

（3）特殊热处理：包括形变热处理和真空热处理等，这些工艺在特定条件下进行，以满足特殊的材料处理需求。

（二）根据生产流程分类

根据生产流程，热处理可分为：

（1）预备热处理：这类热处理是在工件加工成型之前进行的，主要目的是改善工件的工艺性能，以满足后续加工过程的需求。常见的预备热处理方法包括退火和正火，它们通过控制加热和冷却过程，使工件获得所需的组织结构和性能。

（2）最终热处理：这类热处理是在工件加工成型后进行的，主要目的是提高工件的使用性能，如硬度、强度、韧性等。常见的最终热处理方法包括淬火和回火。淬火通过快速冷却使工件获得高硬度，而回火则通过再次加热和冷却来减轻淬火产生的内应力，提高工件的韧性和可加工性。

三、临界温度（临界点）

钢在固态下进行加热、保温和冷却时将发生组织转变，不同钢种在热处理过程中，其组织转变所对应的临界温度范围如图 3-1 所示。

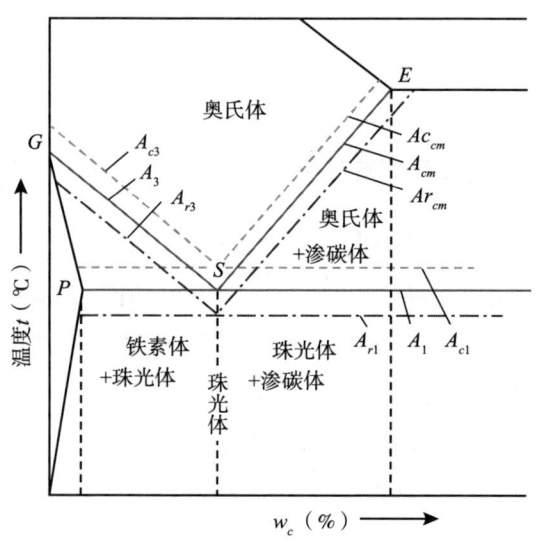

图 3-1 钢热处理临界温度

（一）关键温度点和线

A_1 线（共析转变线）：珠光体向奥氏体转变的开始温度线。当钢被加热到 A_1 线以上时，珠光体开始转变为奥氏体。

A_3 线：铁素体完全转变为奥氏体的温度线。对于亚共析钢（碳含量低于 0.77%），加热到 A_3 线以上时，铁素体全部转变为奥氏体。

A_{c1}、A_{c3} 线：分别表示在连续冷却过程中，奥氏体向珠光体转变的开始和终了温度线。

A_{r1}、A_{r3} 线：与 A_{c1}、A_{c3} 类似，但在冷却过程中，表示奥氏体向珠光体转变的逆过程。

GS 线（铁素体析出线）：在缓慢冷却过程中，奥氏体中开始析出铁素体的温度线。

ES 线（碳在奥氏体中的溶解度曲线）：表示碳在奥氏体中的最大溶解度随温度变化的曲线。

PG 线（贝氏体转变线）：在一定温度范围内，奥氏体向贝氏体转变的开始温度线。

（二）不同碳含量钢的转变特点

1. 亚共析钢（$\omega_c < 0.77\%$）

加热到 A_3 线以上时，铁素体全部转变为奥氏体。

冷却过程中，奥氏体先转变为珠光体，然后可能转变为贝氏体或马氏体，具体取决于冷却速度。

2. 共析钢（$\omega_c = 0.77\%$）

在 A_1 线以上是奥氏体区，冷却到 A_1 线以下时，奥氏体转变为珠光体。

快速冷却时，可获得贝氏体或马氏体组织。

3. 过共析钢（$\omega_c > 0.77\%$）

加热到 A_{c1} 线以上时，部分碳化物溶解，奥氏体成分发生变化。

冷却过程中，先在奥氏体晶界析出碳化物，然后奥氏体可能转变为珠光体、贝氏体或马氏体。

第二节
钢在加热时的组织转变

一、奥氏体的形成

钢在加热时的组织转变，主要包括奥氏体的形成和晶粒长大两个过程。

图 3-2 所示为珠光体转变为奥氏体的过程，它包括四个过程。

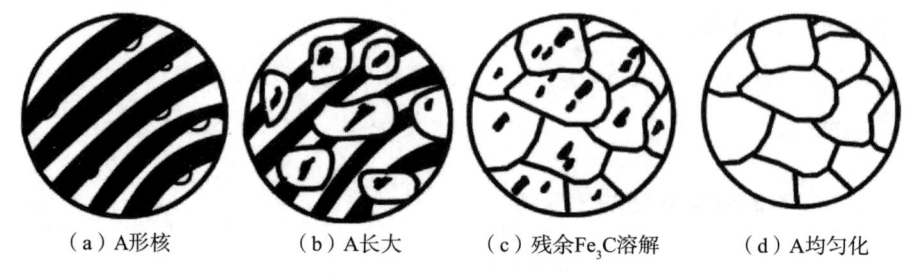

　　（a）A形核　　　　（b）A长大　　　（c）残余Fe$_3$C溶解　　（d）A均匀化

图 3-2　奥氏体形成过程

（一）图的结构与阶段划分

四个圆形示意图：分别代表奥氏体形成过程中的不同阶段。
第一个圆：代表初始组织，通常是珠光体和铁素体等低温组织。
第二个圆：显示加热初期，珠光体开始分解，奥氏体开始形成。
第三个圆：表示奥氏体形成过程中的中间阶段，奥氏体晶粒逐渐长大。
第四个圆：展示最终形成的均匀奥氏体组织。

（二）每个阶段的微观组织变化

1. 初始阶段（第一个圆）

组织主要由珠光体和铁素体组成。珠光体是层状的铁素体和碳化物交替结构，铁素体是纯铁的固溶体。

在这个阶段，钢的组织相对稳定，碳原子在铁素体和碳化物中有一定的分布。

2. 奥氏体形成初期（第二个圆）

当钢被加热到一定温度后，珠光体开始分解。铁素体和碳化物的界面处，碳原子开始扩散，形成奥氏体的萌芽。

奥氏体最初以细小的颗粒形式在珠光体的层间或铁素体的晶界处形成。

3. 奥氏体成长阶段（第三个圆）

随着温度的升高和加热时间的延长，奥氏体晶粒逐渐长大。碳原子和合金元素在奥氏体中不断扩散和溶解。

原来的珠光体层状结构逐渐被奥氏体取代,奥氏体晶粒变得越来越粗大。

4. 奥氏体均匀化阶段(第四个圆)

在高温下,奥氏体的成分和组织趋于均匀。碳原子和合金元素在奥氏体中达到相对均匀的分布。

这个阶段的奥氏体具有良好的可塑性和韧性,为后续的热处理工艺提供了良好的组织基础。

(三) 影响奥氏体形成的因素

加热温度:温度越高,原子扩散速度越快,奥氏体形成速度越快。但过高的温度可能导致奥氏体晶粒粗大,影响后续的性能。

保温时间:保温时间足够长,可以使奥氏体形成充分、成分均匀。但过长的保温时间会降低生产效率。

冷却速度:冷却速度会影响奥氏体的稳定性。快速冷却可以抑制奥氏体向珠光体的转变,有利于获得马氏体等硬化组织。

合金元素:不同的合金元素对奥氏体的形成有不同的影响。例如,锰、镍等元素可以扩大奥氏体区,铬、钼等元素可以缩小奥氏体区。

二、奥氏体的晶粒大小

钢加热的目的是通过提高钢材的内部温度,使其组织结构发生变化,进而改善钢的物理性能和机械性能。奥氏体晶粒大小是评价钢加热质量的重要指标之一。

(一) 晶粒大小的表示方法

晶粒大小用晶粒度等级来表示。标准晶粒度共分为8级,1~4级为粗晶粒,5~8级为细晶粒,每个级别均有标准金相图片。

奥氏体晶粒度:要测定某钢的奥氏体晶粒度,只要把钢"在100倍下"的奥氏体金相图片与标准图片比较,就可以得到钢的奥氏体晶粒度级别,以此来判定奥氏体晶粒大小。奥氏体晶粒大小与晶粒度级别的关系为：

$$n = 2^N - 1$$

上式中：

n——在显微镜下放大 100 倍时，每平方英寸面积上的奥氏体晶粒个数；

N——奥氏体的晶粒度级别。

（二）奥氏体晶粒度的分类

奥氏体晶粒度有以下三类：

（1）起始晶粒度：加热时奥氏体转变过程刚刚结束时的晶粒大小。这一阶段的晶粒尺寸称为奥氏体起始晶粒度。

特点：此时的晶粒非常细小，是奥氏体形成的初始状态。

（2）实际晶粒度：在热处理时某一具体加热条件下最终所得的奥氏体晶粒大小，其尺寸大小即为奥氏体实际晶粒度。

特点：实际晶粒度是钢材在热处理过程中实际获得的晶粒大小，它直接影响到钢材冷却后的组织和性能。

（3）本质晶粒度：各种钢在加热时奥氏体晶粒长大的倾向。晶粒容易长大的钢被称为本质粗晶粒钢，而晶粒不易长大的钢则被称为本质细晶粒钢。

测定方法：据中国原冶金工业部标准《奥氏体晶粒度测定方法》（YB27—77）规定，测定奥氏体本质晶粒度是将钢加热到 930℃，保温 3～8 小时后进行。此温度略高于一般热处理加热温度，相当于钢的渗碳温度。经此正常处理后，奥氏体晶粒不过分长大者，即称此钢为本质细晶粒钢。

特点：本质晶粒度并不表示实际晶粒的大小，而是反映了钢材在特定条件下奥氏体晶粒长大的难易程度。

（三）奥氏体晶粒大小对性能的影响

奥氏体晶粒大小对钢的性能有显著影响。晶粒细小能提高钢的强度、塑性和冲击韧性，因为细晶粒组织在受力时能够更有效地分散应力，减少应力集中。相反，晶粒粗大则会降低钢的冲击韧性，增加韧脆转变温度，并可能增加淬火变形和开裂的倾向。因此，在热处理过程中控制奥氏体晶粒大小对于获得优良性能的钢材至关重要。

（四）影响奥氏体晶粒大小的因素

所有加速原子扩散的因素都促进奥氏体晶粒长大。

1. 加热温度和保温时间——对实际晶粒度的影响

提高加热温度和延长保温时间，会加速原子扩散，有利于晶界迁移，使奥氏体晶粒长大。

2. 加热速度——对起始晶粒度的影响

加热速度越快，奥氏体实际形成温度越高，形核率增大，导致起始晶粒度更细小。这是因为快速加热使钢材内部迅速达到高温，促进奥氏体晶核的生成，同时限制了晶粒的长大。因此，合理控制加热速度对获得理想的起始晶粒度至关重要。

3. 化学成分的影响——对本质晶粒度的影响

化学成分的影响可分为碳的影响和合金元素的影响。合金元素是指为了提高钢的性能而在钢冶炼时添加的元素。

（1）碳的影响：碳含量越高，钢材在加热过程中奥氏体晶粒越容易长大，从而影响钢材的物理性能和机械性能。碳素钢的晶粒度大小与其碳含量成正比，即碳含量越高，晶粒度越大，物理性能如抗拉强度、屈服强度等可能受到影响。因此，在钢材的生产过程中，需要合理控制碳含量，以获得理想的晶粒度和性能。

（2）合金元素的影响：钛（Ti）、钒（V）、铌（Nb）等强碳化物形成元素能强烈阻碍奥氏体晶粒长大，细化晶粒；而锰（Mn）、磷（P）等元素则可能促进晶粒长大。这些影响通过合金元素与钢中其他组分的相互作用，改变晶粒的形核和长大过程，从而影响钢材的性能。

（五）钢加热时常见的缺陷及预防措施

1. 常见的缺陷

钢加热时常见的缺陷包括过热、过烧、脱碳、氧化以及加热温度不均。

过热会导致晶粒粗大，降低钢的力学性能。过烧则会使钢变脆，甚至碎裂。脱碳会降低钢的强度和耐磨性。氧化则会造成钢材的烧损，影响锻件质量。加热温度不均则会导致轧件尺寸不精确，板型不良。这些缺陷需通过合理控制加热温度、时间、气氛及采取保护措施来避免。

2. 氧化脱碳的预防措施

（1）控制加热气氛：在加热过程中，确保炉内气氛为中性或弱氧化性，避免过强的氧化气氛导致钢材表面氧化和脱碳。可以通过向炉内通入保护性气体（如氮气、氩气等）或控制炉内氧含量来实现。

（2）缩短加热时间：在高温下停留时间越长，氧化脱碳现象越严重。因此，应尽可能缩短钢材在高温阶段的加热时间，以减少氧化脱碳的发生。

（3）采用涂层保护：在钢材表面涂覆一层防氧化脱碳的涂层，如 RLHY-31 或 RLHY-33 型钢材加热防氧化涂料。这些涂料能在钢材表面形成致密的保护层，有效隔绝氧气和钢材的直接接触，从而防止氧化脱碳。

（4）合理控制加热温度：避免过高的加热温度，因为温度越高，氧化脱碳速率越快。应根据钢材的具体材质和工艺要求，合理设定加热温度。

（5）加强炉内气氛监测：通过安装气氛监测设备，实时监测炉内气氛的变化情况，及时调整气氛成分和加热参数，确保炉内气氛始终保持在有利于防止氧化脱碳的范围内。

第三节

钢在冷却时的组织转变

一、两个基本概念

（一）过冷奥氏体

过冷奥氏体是指钢在加热至奥氏体化后，冷却至临界温度以下但尚未发生转变的、处于热力学不稳定状态的奥氏体。这种奥氏体在冷却过程中会发生分解转变，根据冷却速度和温度的不同，可以形成不同的组织相，如珠光体、贝氏体和马氏体。过冷奥氏体的转变产物和性能对钢材的最终性能有重要影响。

（二）**钢的冷却方式**

依据组织转变方式不同，钢的热处理工艺有两种冷却方式：等温冷却和连续冷却，如图 3-3 所示。

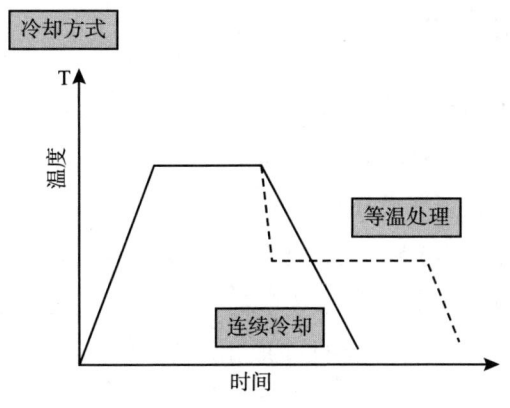

图 3-3　钢的热处理冷却方式

1. 等温处理

在热处理过程中，将钢件加热到奥氏体化温度后，迅速放入某一设定温度的介质中，并在此温度下保持一定时间，使奥氏体在该温度下发生转变。这种冷却方式有利于研究奥氏体在不同温度下的转变规律，并获得特定的组织和性能。

2. 连续冷却

与等温冷却不同，连续冷却是指钢件在加热到奥氏体化温度后，不经过等温保持阶段，而是直接以一定的速度连续冷却至室温或更低温度。这种冷却方式在实际生产中更为常见，如淬火过程就是典型的连续冷却过程。连续冷却的速度和方式会显著影响奥氏体的转变产物和钢材的最终性能。

二、过冷奥氏体的等温转变

奥氏体在 A_1 线以上是稳定相，能够长期存在而不转变。一旦冷到临界点之下，就处于热力学不稳定状态，它总要转变为稳定的新相。过冷奥氏体等温转变图反映了过冷奥氏体在等温冷却时组织转变的规律。下面介绍用金相法测定过冷奥氏体等温转变图的过程。

（一）过冷奥氏体等温转变曲线的建立

（1）准备几组共析钢小试样（5 组，每组 8 个试样，小圆片试样的尺寸：直径 10~15mm，厚度 1.0~1.1mm）；

（2）把试样加热至奥氏体化；

（3）把各组试样分别迅速放入 A_1 以下不同温度（700℃、650℃、600℃、550℃、500℃）的盐浴炉中保温；

（4）记录时间，每隔一定时间取出一块试样水淬（保持当时的组织状态）；

（5）测量硬度，并在显微镜下观察其组织，找出各个等温温度下的转变开始时间和转变终了时间，并画在"温度—时间"坐标系中；

（6）将转变开始点连接起来——A 转变开始线；转变终了点连接起来——A 转变终了线。该曲线称为过冷奥氏体等温曲线。

（二）过冷奥氏体等温转变曲线

过冷奥氏体等温转变曲线是描绘过冷奥氏体在不同温度下等温过程中，转变产物与温度、时间之间关系的曲线图，又称 TTT 曲线或 C 曲线，如图 3-4 所示。

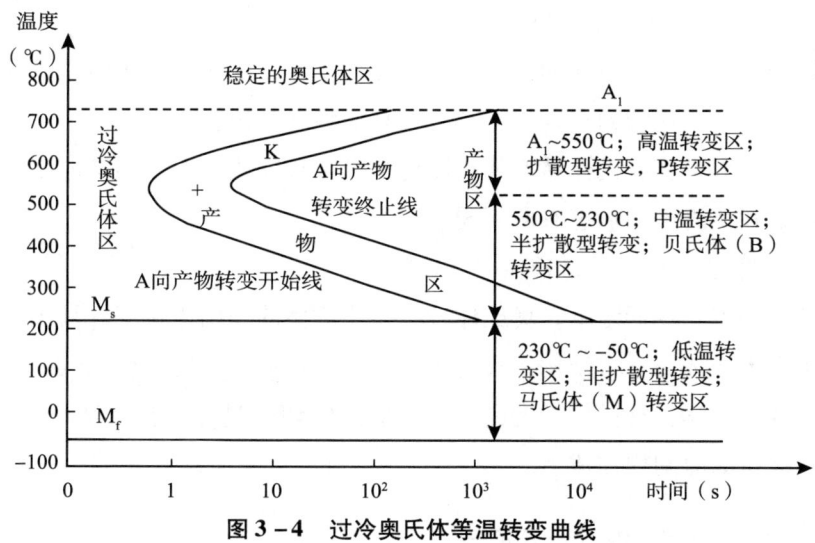

图3-4 过冷奥氏体等温转变曲线

1. 关键温度点和线

A_1温度（约727℃）：共析转变温度，是奥氏体向珠光体转变的临界温度。

M_s温度（马氏体开始转变温度）：在低温区域，奥氏体开始转变为马氏体的温度。

M_f温度（马氏体结束转变温度）：马氏体转变结束的温度，通常低于M_s温度。

转变开始线和转变终止线：分别表示在某一温度下，奥氏体开始转变和转变完成的时间界限。

2. 不同转变区域的特点

（1）高温转变区（$A_1 \sim 550$℃）。

转变特点：在这个温度区间，奥氏体主要通过扩散型机制转变为珠光体。珠光体是由铁素体和碳化物组成的层状结构，具有较好的韧性和一定的强度。

转变动力学：转变开始线和终止线之间的区域较宽，说明在高温下，奥氏体有较长的时间进行扩散和分解。

(2) 中温转变区（550℃~230℃）。

转变特点：在中温区间，奥氏体主要转变为贝氏体。贝氏体是一种非层状的铁素体和碳化物的混合物，具有较高的强度和韧性。

转变动力学：贝氏体转变的速度比珠光体转变快，但在不同温度下，其转变速率和最终组织形态有所不同。

(3) 低温转变区（230℃~-50℃）。

转变特点：在低温下，奥氏体发生非扩散型的马氏体转变。马氏体具有体心正方形或体心立方结构，具有很高的硬度和强度，但韧性较低。

转变动力学：马氏体转变是一个无扩散的切变过程，转变速度非常快，通常在极短的时间内完成。

（三）共析钢等温转变 C 曲线

共析钢等温转变 C 曲线图（也称为 TTT 曲线）是研究共析钢在冷却过程中奥氏体转变规律的重要工具，如图 3-5 所示。

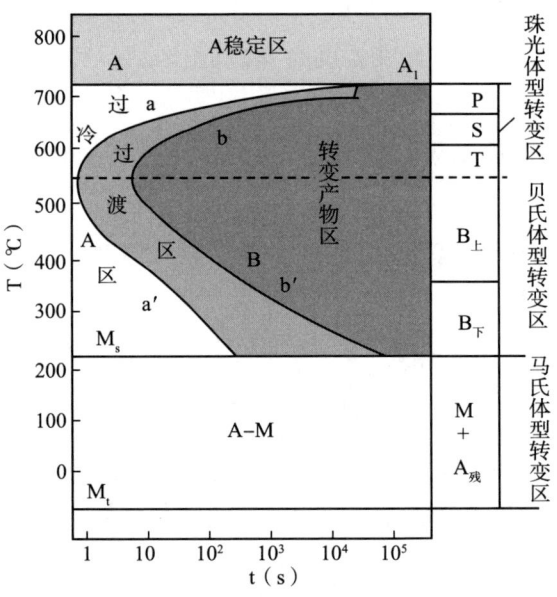

图 3-5　共析钢等温转变 C 曲线

1. 关键区域划分

（1）奥氏体（A）相关区域。

稳定区：高温区（>A_1温度），奥氏体稳定存在。

过冷区（a、a'）：A_1以下，奥氏体过冷但尚未分解。

转变产物区（b、b'）：奥氏体开始分解，形成不同组织产物。

（2）转变产物区域。

珠光体型转变区（P、S、T）：缓慢冷速（左侧）形成珠光体（P）、细粒状珠光体（S）或托氏体（T）。

贝氏体型转变区（B上、B下）：中等冷速形成上贝氏体（B上，韧性差）和下贝氏体（B下，高强度）。

马氏体型转变区（M）：快速冷速（右侧）形成高硬度马氏体。

A–M区：残余奥氏体（A残）与马氏体共存，通常在极慢冷速下出现。

2. 关键温度点

A_1：奥氏体开始分解的临界温度（约700℃~750℃）。

M_s/M_f：马氏体开始（M_s约300℃）和结束（M_f接近室温）的温度。

3. 冷速与组织的关系

慢冷速：进入珠光体区，形成层片状组织（如粗珠光体）。

中等冷速：进入贝氏体区，形成针状或羽毛状组织（上/下贝氏体）。

快冷速：进入马氏体区，形成板条或针状马氏体（淬火后高硬度）。

（四）等温转变产物及性能

等温转变图可分析钢在A_1线以下不同温度进行等温转变所获的产物。根据等温温度不同，其转变产物有珠光体型和贝氏体型两种。

1. 珠光体型转变

转变温度：727℃~550℃。

相变类型：扩散型相变。转变温度高，铁和碳均扩散。

转变产物：珠光体，记为 P。

在珠光体转变区中，发生过冷奥氏体向珠光体的等温转变。转变产物是片状珠光体。

珠光体中铁素体和渗碳体层片的粗细与转变温度有关。转变温度越低，过冷度越大，珠光体的层片越细。

在 600℃ ~ 550℃：珠光体层片极细，称为屈氏体，用 T 表示。

在 650℃ ~ 600℃：珠光体层片较细，称为索氏体，用 S 表示。

在 727℃ ~ 650℃：珠光体片层较粗，称为粗片状珠光体，简称珠光体，用 P 表示。

层片越细，珠光体的强度、硬度越高，塑性、韧性越好。珠光体、索氏体、屈氏体三者力学性能相比：屈氏体的强度、硬度最高，塑性、韧性最好；索氏体次之；珠光体再次之，珠光体、索氏体、屈氏体的组织特征如图 3 - 6 所示。

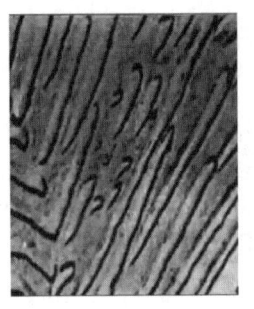  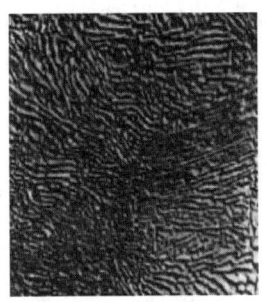

（a）珠光体　　　　　（b）索氏体　　　　　（c）屈氏体

图 3 - 6　珠光体、索氏体、屈氏体的组织特征

2. 贝氏体型转变

转变温度：在 550℃ ~ 230℃（M_s）温度之间。

相变类型：半扩散型相变。碳扩散，铁不扩散。

转变产物：贝氏体，记为 B。

贝氏体是由含碳过饱和的铁素体和渗碳体组成的机械混合物。

（1）上贝氏体，记作 $B_上$：在 550℃ ~ 350℃ 形成，呈羽毛状，细小的短棒状渗碳体分布在含碳过饱和的铁素体片间。

性能特点：硬度高，强度低，塑性、韧性差，无生产应用价值。

（2）下贝氏体，记作 $B_下$：在 350℃ ~ M_s（230℃）形成，下贝氏体是在贝氏体转变区的较低温度（大约350℃以下）形成的混合组织，由铁素体和碳化物组成。其铁素体形态多为板条状，大致平行排列，碳化物则沉淀在铁素体内，并与铁素体片的长轴呈一定角度（55°~60°）。下贝氏体具有较高的强度和韧性，因此应用广泛。其综合机械性能优良，包括高强度、高硬度、高塑性和高韧性，使得下贝氏体在钢材加工和热处理领域具有重要价值。

3. 马氏体型转变

转变温度：M_s（230℃）~ M_f。相变类型：非扩散型相变。转变温度低，铁和碳均不扩散。

转变产物：马氏体，记为 M，马氏体是碳在 $\alpha-Fe$ 中形成的过饱和间隙固溶体，体心正方晶格。

（1）马氏体的相变特点。

①是非扩散型相变。

②在 M_s ~ M_f 范围内不断降温中形成，冷却中断转变中止，转变量随温度的降低而增加。

③A 向 M 的转变是一个体积膨胀过程，引起内应力。（A 的比容小，M 的比容大）

④马氏体转变不能完全进行到底，有一定量的残余奥氏体 A′。

⑤马氏体转变需要快速冷却和深度过冷。马氏体转变时的冷却速度必须大于临界冷却速度。钢的组织中存在残余奥氏体会使零件尺寸不稳定、硬度降低，应尽量减少。

措施：采用多次回火或冷处理。工模具钢、量具钢的热处理中常采用这种工艺来减少残余奥氏体量，提高尺寸稳定性及耐磨性。

（2）马氏体的组织形态和性能特点。

①板条马氏体：板条马氏体是含碳量低的奥氏体在较高温度下（200℃以上）形成的马氏体，又称低碳马氏体或高温马氏体。其内部含有大量位

错，形成胞状亚结构，称为位错胞，因此也被称为位错马氏体。板条马氏体主要形成于低中碳钢中，形态上呈板条状，平行成束分布，具有高强度和良好的韧性。在机械加工、压制成型等领域具有重要应用价值，广泛用于制造齿轮、轴承、弹簧等机械零部件。

②片状马氏体：片状马氏体是一种主要在含碳量较高的钢中形成的马氏体组织，具有高强度和高硬度的特点，但韧性相对较差。它通常在200℃以下的低温下形成，因此也被称为低温马氏体或高碳马氏体。其精细结构为大量孪晶，这些孪晶在靠近马氏体片的边界处消失，不会穿过边界，边界上则形成复杂的位错网络。片状马氏体在显微镜下观察时，由于其特殊的形态和排列方式，常呈现出独特的片状或针状结构。

（3）影响马氏体性能的因素。

马氏体组织的最主要特点是高强度和高硬度。

硬度：主要取决于 M 本身的含碳量，与合金元素含量关系不大。随着碳含量的增加，马氏体的硬度升高。

马氏体的高强度：由于碳在 $\alpha - Fe$ 中的过饱和而产生的固溶强化，相变时在马氏体内部造成大量的位错或孪晶等晶格缺陷而产生的相变强化。另外，奥氏体晶粒越细小，马氏体尺寸越小，其强度也越高（细晶强化）。

塑性和韧性：取决于马氏体的亚结构。板条马氏体的亚结构为位错，具有高的强度和良好的韧性，特点是具有良好的综合机械性能；片状马氏体的亚结构为孪晶，具有高的强度和硬度，但塑韧性很差，特点是硬而脆。

（4）M 的应用。

要求高硬度高耐磨性的零件，得到高碳的片状马氏体组织，如工模具、渗碳件等。

要求综合力学性能好的零件，得到低碳马氏体，如发动机连杆、螺栓、石油钻井的吊环和吊钳等。

（五）影响 C 曲线的主要因素

1. 碳钢对 C 曲线的影响

钢碳 C 曲线形状比较图是研究不同碳含量钢在冷却过程中奥氏体转变

规律的工具,如图3-7所示。通过钢碳C曲线形状比较图,可以深入理解不同碳含量钢在不同冷却条件下的组织转变规律,为制定合理的热处理工艺参数提供理论依据,从而满足不同工况下对钢的性能要求。

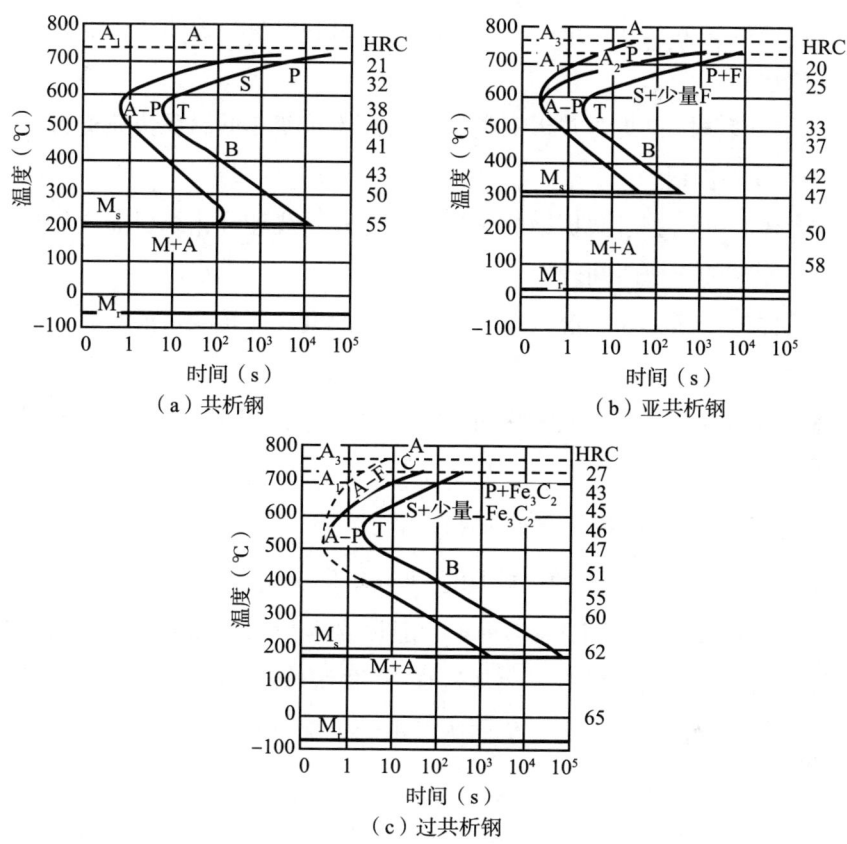

图3-7 钢碳C曲线形状比较

(1) 亚共析钢。

珠光体转变区:在较高温度区域,奥氏体主要转变为珠光体。珠光体转变开始线和终止线之间的区域较宽,说明转变时间较长。

贝氏体转变区:在中温区域,奥氏体可能转变为贝氏体,转变速度比珠光体转变快。

马氏体转变区:在低温区域,奥氏体转变为马氏体,转变速度快,通常在极短的时间内完成。

(2) 共析钢。

珠光体转变区：共析钢的珠光体转变开始线和终止线与亚共析钢类似，但在相同温度下，转变时间可能有所不同。

贝氏体转变区：共析钢的贝氏体转变区相对较窄，说明在中温区域的转变时间较短。

马氏体转变区：与亚共析钢类似，马氏体转变在低温下快速进行。

(3) 过共析钢。

珠光体转变区：过共析钢的珠光体转变开始线和终止线可能更靠近，说明在高温区域的转变时间较短。

贝氏体转变区：在中温区域，过共析钢的贝氏体转变可能受到抑制，转变区较窄。

马氏体转变区：与亚共析钢和共析钢类似，马氏体转变在低温下快速进行。

2. 含碳量对 C 曲线位置的影响

含碳量对 C 曲线位置的影响图是研究不同碳含量钢在冷却过程中奥氏体转变规律的工具。如图 3-8 所示，通过含碳量对 C 曲线位置的影响图，可以深入理解不同碳含量钢在冷却过程中的组织转变规律，为制定合理的热处理工艺参数提供理论依据，从而满足不同工况下对钢的性能要求。

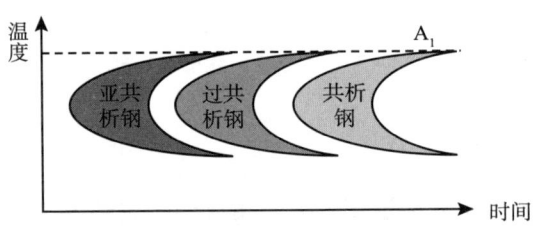

图 3-8　含碳量对 C 曲线位置的影响

(1) 亚共析钢（碳含量低于 0.77%）。

C 曲线位置：亚共析钢的 C 曲线通常位于相对较高的温度区域。这是因为在较低的碳含量下,奥氏体的稳定性相对较差,转变温度较高。

转变特点:在高温区域,奥氏体主要转变为珠光体;在中温区域,可能形成贝氏体;在低温区域,转变为马氏体。

(2) 共析钢(碳含量为0.77%)。

C曲线位置:共析钢的C曲线位置适中。由于其碳含量正好处于共析点,奥氏体的稳定性适中,转变温度范围较宽。

转变特点:在高温区域形成珠光体,在中温区域形成贝氏体,在低温区域形成马氏体。

(3) 过共析钢(碳含量高于0.77%)。

C曲线位置:过共析钢的C曲线通常位于较低的温度区域。高碳含量使奥氏体的稳定性增加,需要更低的温度才能发生转变。

转变特点:在高温区域,奥氏体可能部分转变为珠光体,但由于碳含量较高,更容易在低温区域形成马氏体。

3. A含碳量对M_s和M_f的影响

A含碳量对钢中马氏体转变温度(M_s、M_f)和残余奥氏体(A)的影响是显著的,如图3-9所示。

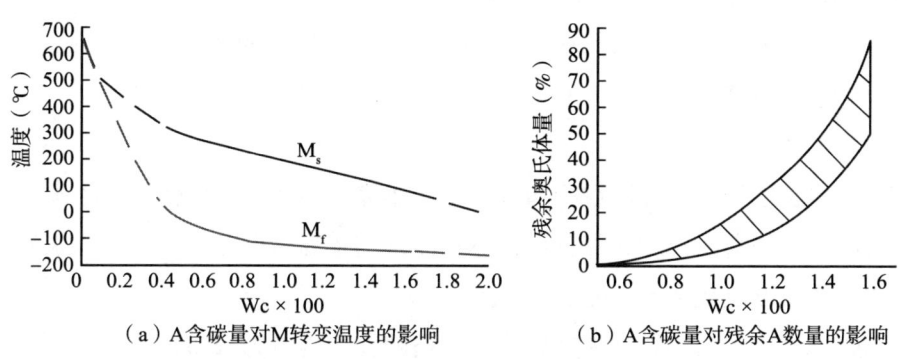

(a) A含碳量对M转变温度的影响　　(b) A含碳量对残余A数量的影响

图3-9　A含碳量对M_s、M_f、残余A的影响

(1) 对马氏体转变温度(M_s、M_f)的影响。

随着含碳量的增加,M_s和M_f温度均呈下降趋势:

当含碳量较低时,如在0.2%以下,M_s温度相对较高,可能在200℃以上，M_f 温度也在 100℃ 左右。

随着含碳量增加到 0.6%~1.0%，M_s 温度可能降至 0℃ 以下，M_f 温度甚至更低，部分钢种的 M_f 温度可能接近 -100℃。

含碳量继续增加到 1.0%~2.0%，M_s 和 M_f 温度进一步降低，M_s 可能低于 -100℃，M_f 温度则更低。

原因分析：

碳是扩大奥氏体相区的元素，它显著提高了奥氏体的稳定性。含碳量越高，奥氏体在低温下越稳定，需要更低的温度才能发生马氏体转变。

碳原子在奥氏体中的固溶强化作用也影响了马氏体转变的驱动力。较高的碳含量使得奥氏体向马氏体转变时的相变驱动力减小，因此需要更低的温度来提供足够的热力学推动力。

（2）对残余奥氏体（A）数量的影响。

随着含碳量的增加，残余奥氏体的数量显著增加：

在低含碳量区间（如 0.2%~0.6%），残余奥氏体的数量相对较少，可能在 10%~30%。

当含碳量增加到 0.6%~1.0% 时，残余奥氏体的数量迅速增加到 30%~60%。

含碳量进一步提高到 1.0%~1.6%，残余奥氏体的数量可能超过 60%，甚至接近 80%。

原因分析：

高碳含量使得奥氏体在冷却过程中更难完全转变为马氏体。由于碳原子在奥氏体中的高固溶度，部分奥氏体在冷却到室温后仍然保持稳定，未发生转变，从而形成残余奥氏体。

碳含量的增加还影响了奥氏体的晶格畸变和内应力分布，使得部分奥氏体在相变过程中受到抑制，进一步增加了残余奥氏体的数量。

4. 合金元素的影响

除 Co 元素外，其他溶入奥氏体中的合金元素都使 C 曲线右移。奥氏体化温度越高，奥氏体越稳定，C 曲线越靠右。

三、过冷奥氏体连续冷却转变曲线（CCT 曲线）

（一）共析碳钢的 CCT 曲线

共析碳钢的 CCT 曲线如图 3-10 所示，也称为温度—时间曲线图。它展示了不同冷却方式下钢的温度随时间的变化情况，以及相应的组织转变。

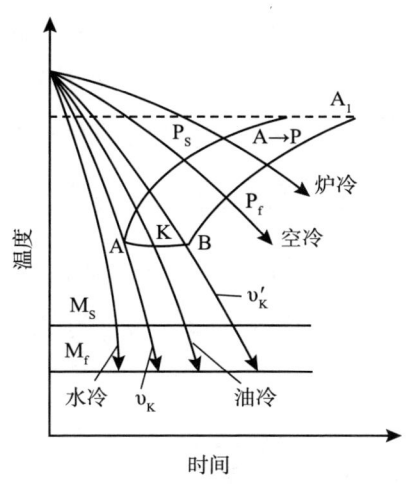

图 3-10　共析碳钢 CCT 曲线

1. 关键温度点

A_1 温度：共析转变温度，是奥氏体向珠光体转变的临界温度。

M_s 温度：马氏体开始转变温度，是奥氏体开始转变为马氏体的温度。

M_f 温度：马氏体转变终了温度，是马氏体转变结束的温度。

2. 不同冷却方式的曲线

炉冷：冷却速度最慢，通常在炉中进行，温度下降较为缓慢。这种冷却方式下，奥氏体有足够的时间进行扩散和分解，可能形成珠光体组织。

空冷：冷却速度比炉冷快，但比水冷和油冷慢。在空冷过程中，奥氏体可能部分转变为珠光体，部分转变为贝氏体或马氏体，具体取决于冷却速度和钢的成分。

油冷：冷却速度较快，通常用于淬火过程。油冷可以使奥氏体在较低温度下转变为马氏体，获得较高的硬度和强度。

水冷：冷却速度最快，通常用于淬火过程。水冷可以使奥氏体迅速转变为马氏体，获得最高的硬度和强度，但可能导致较大的淬火应力和变形。

3. 曲线上的关键转变点

P_s 点：珠光体转变开始点，表示在该温度下奥氏体开始转变为珠光体。

P_f 点：珠光体转变终了点，表示珠光体转变完成的温度。

K 点：贝氏体转变开始点，表示在该温度下奥氏体开始转变为贝氏体。

B 点：贝氏体转变终了点，表示贝氏体转变完成的温度。

（二）比较共析钢的 CCT 曲线与 TTT 曲线

图 3-11 展示了共析钢的 C 曲线（等温转变曲线）和 CCT 曲线（连续冷却转变曲线），用于理解钢在不同冷却条件下的组织转变规律。

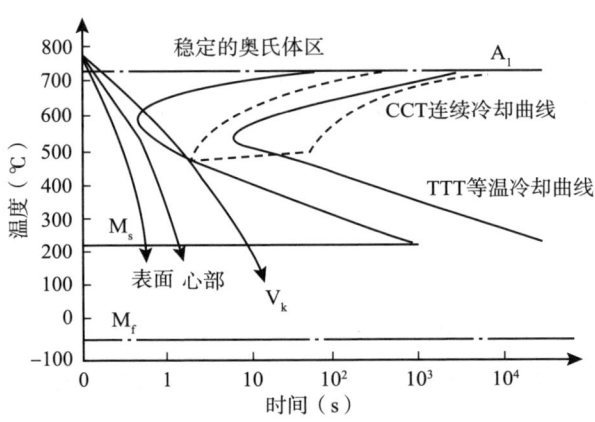

图 3-11　共析钢 C 曲线与 CCT 曲线

1. 关键区域与转变特点

稳定的奥氏体区：在高温区域，奥氏体保持稳定，不会发生转变。

珠光体转变区：在较高温度区间，奥氏体通过扩散型机制转变为珠光体。珠光体是由铁素体和碳化物组成的层状结构，具有较好的韧性和一定的强度。

贝氏体转变区：在中温区间，奥氏体转变为贝氏体。贝氏体是一种非层状的铁素体和碳化物的混合物，具有较高的强度和韧性。

马氏体转变区：在低温区间，奥氏体发生非扩散型的马氏体转变。马氏体具有很高的硬度和强度，但韧性较低。

2. 关键温度点

A_1 温度（约 727℃）：共析转变温度，是奥氏体向珠光体转变的临界温度。

M_s 温度（马氏体开始转变温度）：在低温区域，奥氏体开始转变为马氏体的温度。

M_f 温度（马氏体转变终了温度）：马氏体转变结束的温度，通常低于 M_s 温度。

3. C 曲线与 CCT 曲线的区别

TTT 曲线：假设奥氏体在某一温度下瞬间冷却并保持恒温，展示等温条件下的转变规律。

CCT 曲线：更贴近实际生产，展示奥氏体在连续冷却过程中随时间和温度变化的转变规律。

（三）亚共析钢与过共析钢的 CCT 曲线

（1）过共析钢 CCT 曲线也无贝氏体转变区，但比共析钢 CCT 曲线多一条 A→Fe_3C 转变开始线。由于 Fe_3C 的析出，奥氏体中含碳量下降，因而 M_s 线右端升高。

（2）亚共析钢 CCT 曲线中有贝氏体转变区，但比共析钢多一条 A→F 的转变开始线。铁素体析出使奥氏体含碳量升高，因而 M_s 线右端下降。

四、等温 C 曲线的应用

（一）用 TTT 曲线来估计连续冷却转变得到的组织

CCT 曲线测定困难，资料少，TTT 曲线资料较多。在热处理生产上，经常把冷却速度画在等温转变图上，依据它与 TTT 曲线的相交位置，粗略估计所获得的组织和性能。

过冷奥氏体冷却转变曲线图是研究钢铁材料热处理过程中奥氏体转变规律的重要工具，如图 3-12 所示。若分别按 V_1、V_2、V_3、V_4 的速度冷却，则可以得到不同冷速（水冷、油冷、空冷、炉冷）下的最终组织。

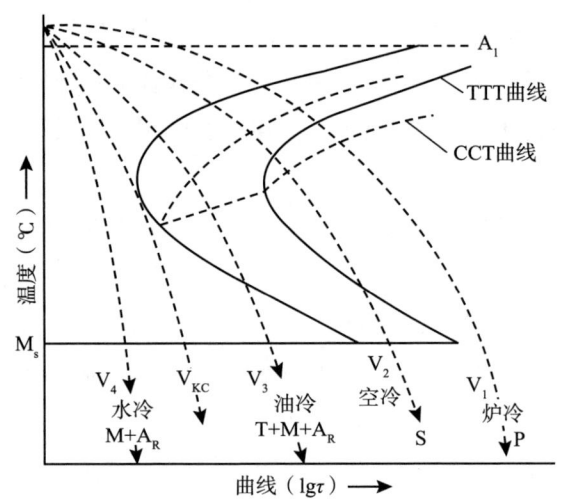

图 3-12　过冷奥氏体冷却曲线

1. TTT 曲线

形状与位置：TTT 曲线呈"C"字形，位于图的上部。它描述了过冷奥氏体在不同等温温度下发生转变的孕育期（即开始转变所需的时间）与温度的关系。

转变过程：

孕育期：在某一温度下，奥氏体开始转变所需的时间越短，说明该温度下的转变速度越快。TTT 曲线上的点越靠左，表示孕育期越短，转变速度越快。

转变产物：在 TTT 曲线的不同区域，奥氏体转变会形成不同的产物。例如，在较高的温度区域（靠近奥氏体形成温度），转变产物主要是珠光体；在较低的温度区域，可能形成贝氏体或马氏体。

转变规律：TTT 曲线的形状表明，随着温度的降低，奥氏体的稳定性先增加到一定程度后又降低。即在某个中间温度范围内，奥氏体的孕育期最长，转变速度最慢。

2. CCT 曲线

形状与位置：CCT 曲线位于 TTT 曲线的下方，形状也类似"C"字形，但更向右延伸。它描述了奥氏体在连续冷却过程中（如淬火冷却）的转变情况。

转变过程：

冷却速度影响：CCT 曲线的位置取决于冷却速度。冷却速度越快，曲线越向右移动，表示奥氏体的稳定性增加，转变所需的孕育期延长。例如，当冷却速度足够快时，奥氏体可能越过珠光体转变区，直接形成马氏体。

转变产物：在不同的冷却速度下，CCT 曲线会与不同的转变产物区域相交。例如，较慢的冷却速度可能使奥氏体在较高温度区转变成珠光体；而较快的冷却速度可能使奥氏体在较低温度区转变成贝氏体或马氏体。

3. 转变产物区域

珠光体（P）：在较低的冷却速度下（如炉冷），奥氏体在相对较高的温度区间发生转变，形成层状的珠光体。珠光体的形成需要较长的孕育期，因此对应的曲线位置较靠右。

索氏体（S）：当冷却速度稍快时，奥氏体在稍低的温度区间转变，形成片层更细的索氏体。索氏体的性能优于珠光体，具有更高的强度和韧性。

屈氏体（T）：在更快的冷却速度下，奥氏体在更低的温度区间发生贝氏体转变，形成针状的屈氏体。屈氏体具有更高的硬度和强度。

马氏体（M）：当冷却速度极快时（如水冷），奥氏体在极低的温度下发生扩散转变，形成具有体心四方或体心立方结构的马氏体。马氏体具有很高的硬度，但脆性也较大。

铁素体和碳化物（F + Fe_3C）：在某些特殊的冷却条件下，奥氏体可能直接分解为铁素体和碳化物的混合物。

4. 冷却速度与转变的关系

炉冷（V_1）：冷却速度最慢，奥氏体有足够的时间进行扩散转变，通常形成珠光体。

空冷（V_2）：冷却速度适中，奥氏体可能在稍低的温度区间转变，形成索氏体。

油冷（V_3）：冷却速度较快，奥氏体可能在贝氏体转变区形成屈氏体。

水冷（V_4）：冷却速度极快，奥氏体可能在马氏体转变区形成马氏体。

（二）在正确选材和制定热处理工艺方面

（1）正确制定淬火工艺，选择合适的淬火介质；

（2）制定分级淬火规范和等温淬火工艺；

（3）制定经济合理的退火工艺，如等温退火时等温时间的确定；

（4）分析淬火转变产物的类型，并估计其性能。

五、钢在冷却时的常见缺陷及防止措施

钢在冷却时常见的缺陷主要包括冷却裂纹、残余应力、组织性能不佳、瓢曲以及划伤等。

（1）冷却裂纹：由于冷却过程中不均匀冷却产生的热应力导致。为防止此缺陷，应控制冷却速度，确保均匀冷却，减少热应力。

（2）残余应力：同样由不均匀冷却引起。优化冷却工艺，如采用等温退火或淬火后回火处理，可减轻或消除残余应力。

（3）组织性能不佳：如晶粒粗大、魏氏组织等，影响钢的综合力学性能。通过调整冷却速度，避免过快或过慢，以获得理想的组织结构。

（4）瓢曲：由上下表面冷却不均造成。改善冷却条件，确保钢板各部位冷却均匀，可有效预防瓢曲。

（5）划伤：在钢板运行时，因温度较高、冷床表面不平或操作不当造成。加强设备维护，确保冷床表面平整，同时规范操作，避免划伤。

以上措施需结合具体生产条件和工艺要求灵活应用，以达到最佳的预防效果。

第四节

钢的退火和正火

一、钢的退火工艺

(一) 定义

将钢件加热到适当温度,保温一定时间,然后缓慢冷却的热处理工艺。

(二) 常用退火工艺、目的及应用

常见退火工艺图展示了不同碳含量的钢在各种退火工艺下的加热温度范围及其转变产物,如图 3-13 所示。

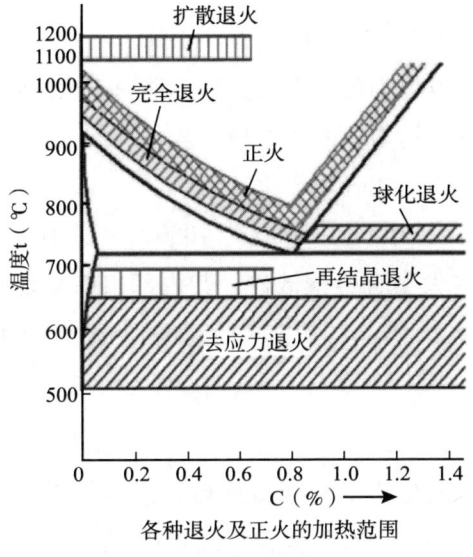

图 3-13 常见退火工艺

1. 完全退火

定义：完全退火是一种将金属材料加热到适当温度，保温一定时间后缓慢冷却的热处理工艺。

目的：细化晶粒，均匀组织；调整硬度，改善切削加工性能；消除内应力。

加热温度：A_{c3} + 30℃ ~ 50℃，单相奥氏体区，完全奥氏体化。

应用：适用于亚共析成分的碳钢和合金钢的铸件、锻件、焊接件及热轧型材，不适用于过共析钢。

2. 球化退火

定义：使钢中碳化物球化而进行的退火工艺称为球化退火。

目的：使碳化物球化，降低硬度，提高塑性和切削加工性能；为淬火做组织准备。

应用：主要用于共析钢、过共析钢和高碳合金钢的刃具、量具、模具。

加热温度：A_{c1} + 30℃ ~ 50℃，A 和二次渗碳体两相区，不完全奥氏体化。

组织：球状珠光体 + 粒状渗碳体。

3. 扩散退火（均匀化退火）

定义：扩散退火也称为均化退火，是一种用于改善钢锭、铸坯或锻坯等内部化学成分和组织不均匀性的热处理工艺。

目的：消除偏析，使成分均匀化。

加热温度：A_{c3} 以上 150℃ ~ 200℃（1050℃ ~ 1150℃），保温 10 ~ 20h。

应用：对于一些大型合金钢锻件，其内部组织可能存在不均匀性，通过扩散退火可以使奥氏体晶粒更加均匀，减少因组织不均匀导致的性能差异。

4. 去应力退火

定义：去应力退火是将钢件缓慢加热到适当的温度（对于碳钢，一般是 600℃ ~ 650℃左右；对于合金钢，温度会稍高一些，一般在 650℃ ~ 700℃左右），保温一定时间，然后缓慢冷却的热处理工艺。其主要目的是消除金属材料在加工（如切削加工、冷轧、冷拉等冷加工过程）或热处理过程中产生的内应力。

工艺：将工件缓慢加热到 A_{c1} 以下适当温度，保温 1~3h 后随炉冷。通常钢件在 500℃~650℃；铸铁件在 500℃~550℃；焊接件为 500℃~600℃。

目的：消除铸、锻、焊件，冷冲压件及机加工工件中的残余应力，以稳定钢件的尺寸，减少变形，防止开裂。

应用：适用于各种碳含量的钢。如机床床身（铸件）、内燃机气缸体、冷卷弹簧。

5. 再结晶退火

定义：再结晶退火是将经过冷变形的金属材料加热到一定温度（通常低于材料的熔点，但高于其再结晶温度），保温一段时间后缓慢冷却的热处理过程。

工艺：加热到 A_{c1} 以下 50℃~150℃，或 $T_{再}$ + 30℃~50℃，即 650℃~750℃，保温后空冷。

目的：消除加工硬化，恢复钢材的塑韧性。

应用：冷加工后的工件消除加工硬化。如钢丝拉拔过程中，中间进行的退火。

二、钢的正火

正火是钢铁材料热处理中的一种重要工艺，它通过将钢加热到奥氏体化温度区间，保温一定时间后在空气中冷却，来获得细小、均匀的组织结构，从而提高钢的综合力学性能和切削加工性能。正火不仅能消除钢中的内应力，还能细化晶粒、均匀化学成分，为后续的加工和热处理奠定良好的基础。

正火处理的关键在于加热温度的选择，这直接影响奥氏体的形成和后续冷却后的组织转变。正火处理加热温度图是指导这一工艺的重要工具，它展示了不同碳含量的钢在正火时的加热温度范围，以及与之相关的相变温度和组织转变规律。通过合理选择加热温度，可以确保钢在正火后获得预期的组织和性能,如图 3-14 所示。

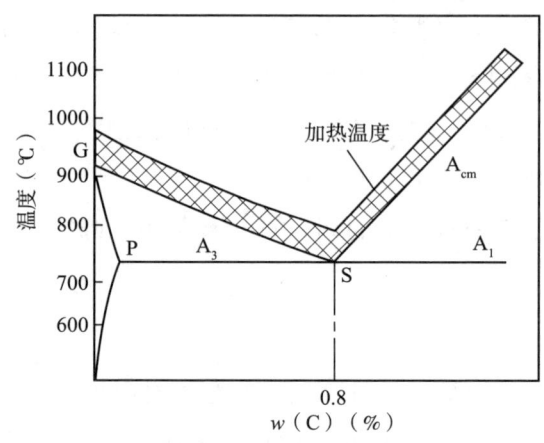

图 3-14 正火加热温度

(一) 正火加热温度范围

1. 亚共析钢（碳含量低于 0.77%）

加热温度范围：通常在 A_3 温度以上 30℃~50℃ 进行加热。例如，对于碳含量为 0.4% 的钢，A_3 温度约为 800℃，则正火加热温度可选择在 830℃~850℃。

目的：使钢中的铁素体和珠光体完全转变为奥氏体，然后在空气中冷却，获得细小的珠光体或索氏体组织，提高钢的强度和韧性。

2. 共析钢（碳含量约为 0.77%）

加热温度范围：在 A_1 温度以上 20℃~40℃ 进行加热。例如，A_1 温度为 727℃，则加热温度可选择在 747℃~767℃。

目的：使钢中的珠光体转变为奥氏体，然后在空气中冷却，获得细小的珠光体组织，降低硬度，提高切削加工性能。

3. 过共析钢（碳含量高于 0.77%）

加热温度范围：在 A_{cm} 温度以上 30℃~50℃ 进行加热。例如，对于碳含量为 1.0% 的钢，A_{cm} 温度约为 800℃，则加热温度可选择在 830℃~

850℃。

目的：使钢中的珠光体和二次碳化物完全转变为奥氏体，然后在空气中冷却，获得细小的珠光体和均匀分布的碳化物，改善钢的组织和性能。

（二）实际应用中的注意事项

1. 加热温度的选择

在实际生产中，加热温度的选择不仅要考虑碳含量和相变温度，还要考虑钢的尺寸、形状和后续加工要求等因素。例如，对于大型工件，可能需要适当提高加热温度，以确保心部能够充分奥氏体化。

2. 加热速度和保温时间

加热速度和保温时间也会影响正火效果。加热速度过快可能导致工件内外温度不均匀，影响奥氏体化效果；保温时间不足可能导致奥氏体成分和组织不均匀。一般情况下，加热速度应控制在合理范围内，保温时间应根据工件尺寸和钢种确定。

3. 冷却方式

正火后的冷却方式也会影响钢的组织和性能。通常采用空冷方式，但对于一些合金钢或截面较大的工件，可能需要采用风冷、雾冷等方式，以获得更细小的组织和更高的性能。

第五节

钢 的 淬 火

一、淬火及其目的

淬火是一种热处理工艺，通过迅速冷却金属材料至临界温度以下，使其内部组织发生马氏体或贝氏体转变，从而提高材料的硬度、强度、耐磨性和韧性。淬火的主要目的是优化金属材料的力学性能，以满足不同机械零件和工具的使用要求。此外，淬火还能改善材料的物理和化学性能，如铁磁性和耐蚀性。

二、淬火加热温度的确定

钢的淬火温度范围图是确定不同碳含量的钢在淬火时加热温度的重要参考，如图 3-15 所示。

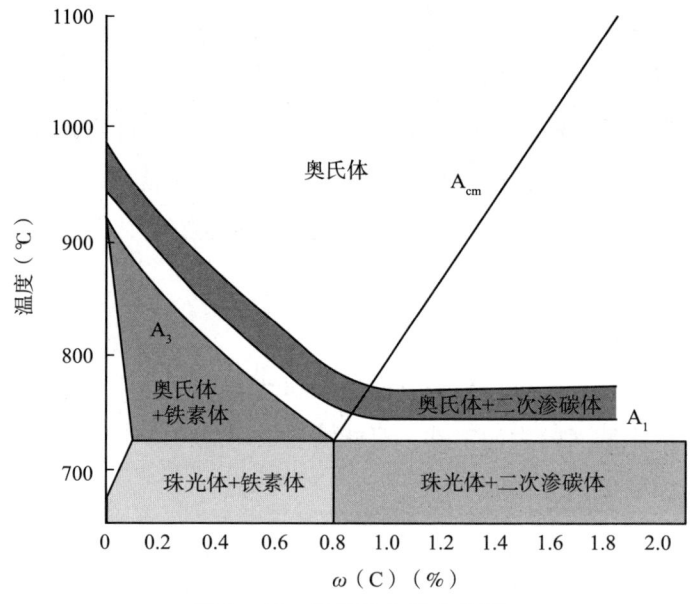

图 3-15　钢的淬火温度范围

（一）关键点与线

1. A_1（共析转变温度）

位置：在图 3-15 中，A_1 线大致位于 727℃，是共析钢（碳含量约为 0.77%）发生共析转变的温度。

意义：在 A_1 温度以上，钢开始发生奥氏体转变；在 A_1 温度以下，奥氏体开始分解为珠光体。

2. A_3（奥氏体化温度）

位置：A_3线位于A_1线以上，随着碳含量的增加，A_3温度逐渐降低。

意义：A_3温度是亚共析钢（碳含量低于0.77%）完全奥氏体化的最低温度。在A_3温度以上加热，钢中的铁素体和珠光体将完全转变为奥氏体。

3. A_{cm}（碳在奥氏体中的溶解度极限）

位置：A_{cm}线位于A_1线以上，随着碳含量的增加，A_{cm}温度逐渐升高。

意义：A_{cm}温度是过共析钢（碳含量高于0.77%）中碳在奥氏体中的最大溶解度对应的温度。在A_{cm}温度以上加热，过共析钢中的二次碳化物将溶解进入奥氏体。

（二）淬火温度范围

1. 亚共析钢（碳含量低于0.77%）

淬火加热温度范围：通常在A_3温度以上30℃~50℃进行加热。例如，对于碳含量为0.4%的钢，A_3温度约为800℃，则淬火加热温度可选择在830℃~850℃。

目的：使钢中的铁素体和珠光体完全转变为奥氏体，然后快速冷却，获得马氏体组织，提高钢的硬度和强度。

2. 共析钢（碳含量约为0.77%）

淬火加热温度范围：在A_1温度以上20℃~40℃进行加热。例如，A_1温度为727℃，则加热温度可选择在747℃~767℃。

目的：使钢中的珠光体转变为奥氏体，然后快速冷却，获得马氏体组织，提高钢的硬度和强度。

3. 过共析钢（碳含量高于0.77%）

淬火加热温度范围：在A_{cm}温度以上30℃~50℃进行加热。例如，对于碳含量为1.0%的钢，A_{cm}温度约为800℃，则加热温度可选择在830℃~850℃。

目的：使钢中的珠光体和二次碳化物完全转变为奥氏体，然后快速冷却，获得马氏体和均匀分布的碳化物，提高钢的硬度和耐磨性。

（三）实际应用中的注意事项

1. 加热温度的选择

在实际生产中，加热温度的选择不仅要考虑碳含量和相变温度，还要考虑钢的尺寸、形状和后续加工要求等因素。例如，对于大型工件，可能需要适当提高加热温度，以确保心部能够充分奥氏体化。

2. 加热速度和保温时间

加热速度和保温时间也会影响淬火效果。加热速度过快可能导致工件内外温度不均匀，影响奥氏体化效果；保温时间不足可能导致奥氏体成分和组织不均匀。一般情况下，加热速度应控制在合理范围内，保温时间应根据工件尺寸和钢种确定。

3. 冷却速度

淬火后的冷却速度是决定最终组织和性能的关键因素。冷却速度过慢可能导致奥氏体分解为珠光体或其他组织，无法获得足够的硬度；冷却速度过快可能导致工件开裂。因此，需要根据钢种和工件尺寸选择合适的淬火介质（如水、油、聚合物淬火液等）和冷却方式。

三、淬火介质

在淬火过程中，淬火介质起着至关重要的作用。理想的淬火介质能够在整个冷却过程中提供均匀且可控的冷却速度，以确保工件获得预期的组织和性能。理想淬火介质冷却曲线展示了在不同温度区间内冷却速度的变化情况，如图 3-16 所示，通常分为三个阶段：高温区的快速冷却、中温区的适当减速及低温区的缓慢冷却。这种冷却特性有助于避免工件在淬火过程中产生裂纹和变形，同时确保淬火后获得均匀的马氏体或其他期望的组织结构。

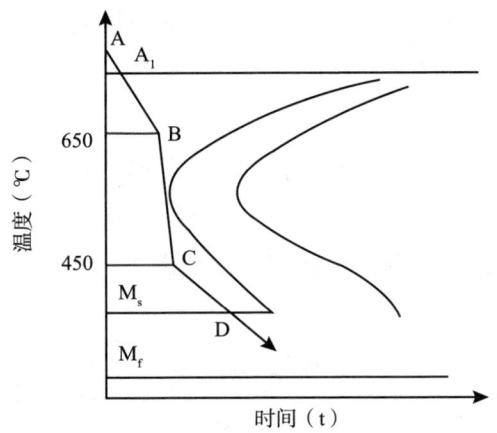

图 3-16 理想淬火介质冷却曲线

（一）阶段一：高温区快速冷却（A 点至 B 点）

在淬火初期，工件温度从奥氏体化温度（通常在 A_1 线以上，如 800℃ 左右）迅速下降。理想淬火介质在高温区间（约 650℃ 以上）过冷奥氏体较为稳定，此时应采用缓慢冷却速度，以减小工件内外的温差，降低热应力，从而防止工件变形。

（二）阶段二：中温区快速冷却（B 点至 C 点）

当工件温度降至 650℃～450℃，过冷奥氏体最不稳定，易于发生非马氏体转变。此阶段需快速冷却，以确保过冷奥氏体不发生分解，从而获得马氏体组织。

（三）阶段三：低温区缓慢冷却（C 点至 D 点）

在工件温度降至马氏体转变开始温度（M_s 点，约 450℃ 以下）后，理想淬火介质进一步降低冷却速度。马氏体转变伴随较大体积变化，缓慢冷却可减小由此产生的内应力。

直至马氏体转变结束温度（M_f 点），工件基本完成组织转变，缓慢冷却有助于获得均匀且稳定的马氏体组织，确保工件性能一致性。

理想淬火介质：650℃以上，冷速慢，减小热应力；650℃～400℃，冷速快，避免与C曲线相交；400℃以下，冷速慢，减小淬火应力，防止变形和开裂，如图3-16所示。

常用淬火介质：水、水溶液、矿物油、熔盐、熔碱等。

新型淬火剂：聚乙烯醇水溶液和三硝水溶液等。

常见淬火介质的冷却能力及适用范围如表3-1所示。

表3-1　　　　　　　常见淬火介质

项目	水	盐水或碱水	机油	盐浴或碱浴
冷却能力	强	更强	较弱	介于水和油之间
变形开裂倾向	大	更大	较小	小
适用范围	小而简单的碳钢件	碳钢及低合金结构钢	合金钢淬火	小而复杂、变形要求小的重要零件

四、淬火工艺

常见淬火工艺包括单介质淬火、双介质淬火、分级淬火、贝氏体等温淬火，常见淬火工艺图展示了不同淬火方法的冷却曲线，如图3-17所示。

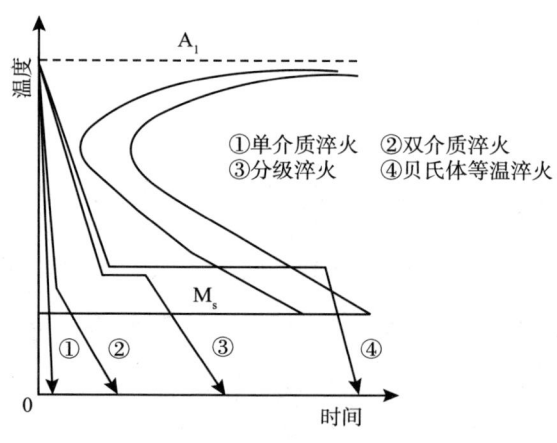

图3-17　常见淬火工艺

（一）单介质淬火

冷却曲线：工件在一种淬火介质中连续冷却，曲线较为陡峭，如水淬曲线。

特点：冷却速度均匀，但可能导致工件变形或开裂。

适用情况：适用于形状简单、截面均匀的碳钢和低合金钢工件。

转变产物：通常获得马氏体组织，硬度高，但脆性较大。

（二）双介质淬火

冷却曲线：工件先在冷却速度快的介质（如水）中淬火，后转移至冷却速度慢的介质（如油）中冷却，曲线在高温区陡峭，低温区平缓。

特点：结合了两种介质的优点，既保证了淬火硬度，又减少了变形和开裂风险。

适用情况：适用于形状复杂、截面差异较大的工件。

转变产物：获得马氏体组织，硬度和韧性兼顾。

（三）分级淬火

冷却曲线：工件在一种淬火介质中冷却到某一温度区间后，保持等温一段时间，曲线在该区间呈现平台状。

特点：通过等温处理，减少工件内外温差，降低热应力和组织应力。

适用情况：适用于截面较大或形状复杂的工件。

转变产物：获得贝氏体或马氏体组织，具有良好的综合力学性能。

（四）贝氏体等温淬火

冷却曲线：工件冷却到贝氏体转变温度区间并保持等温，曲线在该区间有明显平台。

特点：通过等温转变获得贝氏体组织，具有较高的硬度和韧性。

适用情况：适用于需要高强度和韧性的工件，如汽车零件、模具等。

转变产物：获得贝氏体组织，具有良好的耐磨性和抗冲击性能。

五、钢的淬透性和淬硬性

(一) 淬透性和淬硬性的概念

淬透性：钢在淬火时获得马氏体的能力。

淬透性是钢的固有属性，与工件大小及冷却介质的类型无关，取决于 V_k。

淬硬性：指钢在淬火后获得最高硬度的能力，取决于 M 中 C%，C%↑→淬硬性↑。

淬透性好的钢，淬硬性不一定好，即淬火易得到马氏体组织，但硬度不一定高；反之亦然。例如，低碳合金钢的淬透性好，但硬度不高；而碳素工具钢的淬透性较差，但淬硬性较高，即淬火后的硬度高。

(二) 影响淬透性的因素

钢的淬透性大小取决于 V_k，而 V_k 取决于 C 曲线的位置。C 曲线越靠右，V_k 越小。

(1) 含碳量亚共析钢，C%↑，C 曲线右移，V_k↓，淬透性↑；过共析钢，C%↑，C 曲线左移，V_k↑，淬透性↓；共析钢的 C 曲线最靠右，V_k 最小，淬透性最好。

(2) 合金元素。除 Co 元素外，其他溶入 A 中的合金元素使 C 曲线右移，V_k↓，淬透性↑。

(3) 奥氏体化条件主要是加热温度和保温时间。加热温度越高，保温时间越长，奥氏体稳定性越强，C 曲线越靠右，淬透性↑。

(三) 淬透性的测定方法

常用临界淬火直径法和端淬试验法。

(四) 淬透性的应用

1. 合理选材

通过比较不同钢种的淬透性曲线，可以直观地评估其淬透性优劣，从而根据工件的具体要求（如截面大小、形状复杂度、受力情况等）选择合适的钢材。例如，截面较大、形状复杂及受力苛刻的工件应选用淬透性好的钢。

2. 预测材料组织与性能

利用淬透性曲线，可以预测工件在淬火后不同部位的组织和性能，为制定热处理工艺提供依据。这有助于确保工件在淬火后获得均匀且符合要求的机械性能。

3. 制定热处理工艺

根据工件的淬透性曲线和硬度要求，可以选择合适的淬火介质和冷却方式，以制定最优的热处理工艺。这有助于减少淬火应力、变形和开裂等缺陷，提高工件的成品率和质量。

4. 优化材料设计

在材料设计阶段，淬透性技术可以用于评估新材料的淬火性能，为材料成分和热处理工艺的优化提供指导。这有助于开发出具有更高淬透性和更好综合性能的新材料。

第六节 钢 的 回 火

一、回火及其目的

回火是一种热处理工艺，指将淬火后的工件重新加热到某一温度，保温一段时间后，以一定方式冷却至室温的过程。

其主要目的包括：

（1）减少内应力和脆性：淬火后的工件内部存在较大的应力和脆性，回火能有效消除或降低这些不利因素，防止工件变形或开裂。

（2）调整机械性能：通过调整回火的温度和时间，可以精确控制工件的硬度、强度、塑性和韧性，以满足不同的使用要求。

（3）稳定组织：回火使工件的金相组织趋于稳定，保证在使用过程中不再发生大的变化，从而延长工件的使用寿命。

（4）提高综合性能：特别是对于需要承受交变载荷的工件，如连杆、齿轮等，回火能显著提高它们的综合力学性能，确保其在复杂工况下的稳定运行。

综上所述，回火是热处理过程中不可或缺的一道工序，对于提高工件的性能和延长其使用寿命具有重要意义。

二、回火分类、组织、性能特点及应用

根据回火温度的高低，把回火分为三类：低温回火、中温回火和高温回火。

（一）低温回火

回火温度：150℃~250℃。

回火组织：回火马氏体。

性能特点：低温回火后，工件的硬度保持在较高水平，一般为58~64HRC，适合需要高硬度的应用场景；有效消除淬火过程中产生的内应力，避免工件在使用过程中因应力集中而变形或开裂；在保持高硬度的同时，低温回火还能稍微提高工件的韧性，使工件在使用过程中更加稳定可靠；通过回火处理，工件的金相组织趋于稳定，有助于保持工件在使用过程中的尺寸稳定性。

应用：低温回火广泛应用于工具钢、渗碳钢、弹簧钢和高强度结构钢的热处理中，能够有效改善钢的性能，尤其是在保持高硬度的同时提高韧性。通过合理设计回火工艺，可以显著提升工件的使用寿命和可靠性。

（二）中温回火

回火温度：350℃~500℃。

回火组织：回火屈氏体。

性能特点：内应力完全消失，硬度降低（35～50HRC），具有高的弹性极限 σ_e 和屈强比 σ_s/σ_b，以及良好的塑韧性。

应用：主要用于弹性元件及热作模具的热处理。

（三）高温回火

回火温度：500℃～650℃。

回火组织：回火索氏体。

性能特点：硬度降低（25～35HRC，220～330HBS），强度高，塑性、韧性好，具有良好的综合力学性能，优于正火得到的组织。

应用：生产中，把"淬火+高温回火"的复合热处理工艺称为调质处理。主要应用于各类重要的结构零件，特别是那些需要在交变载荷下工作的部件，如汽车的连杆、螺栓、齿轮和轴等。高温回火的目的在于获得强度、塑性和韧性均较高的综合力学性能，这些性能对于确保结构零件在复杂工况下的稳定运行至关重要。通过高温回火处理，可以显著提高零件的耐久性和可靠性，延长其使用寿命。此外，高温回火还常用于量具、模具等精密零件的预备热处理，以满足其特定的性能要求。

三、回火脆性

定义：钢淬火后，在250℃～350℃或450℃～650℃范围内回火时，出现冲击韧性明显下降的脆化现象，称为钢的回火脆性。根据回火脆性形成温度的不同，分为低温回火脆性和高温回火脆性。

（一）低温回火脆性（第一类回火脆性）

在250℃～350℃范围内回火时出现的脆化现象。几乎所有工业用钢都不同程度存在。

产生原因：碳化物以断续的薄片状在原奥氏体晶界或在马氏体界面上析出，形成薄壳，降低了马氏体界面处的断裂强度，是导致低温回火脆性的主要原因。这类回火脆性一旦产生就无法消除。

预防措施：（1）钢中加入硅元素，使马氏体的分解推迟，提高低温回火温度；（2）避免在此温度范围内回火，必要时采用等温淬火。

（二）高温回火脆性（第二类回火脆性）

在450℃~650℃区间回火时发生的脆化现象。如果重新加热到600℃以上温度后快速冷却，可以恢复韧性，因此又称为可逆回火脆性。

产生原因：钢中P、S_n、S_b、A_s等杂质元素在500℃~550℃温度向原奥氏体晶界偏聚，导致高温回火脆性。

预防措施：（1）回火后快冷。（2）钢中加入适量的Mo、W等元素，抑制杂质元素向晶界偏聚。（3）降低钢中杂质元素的含量。（4）采用高温形变淬火热处理工艺，可大大减轻回火脆性的产生。

四、回火后的性能及回火工艺的选择

淬火钢回火后的性能取决于它的内部显微组织；回火温度是决定回火后工件硬度的主要因素，其高低应根据工件的工作条件、性能要求和钢种等因素确定，并应避开低温回火脆性温度区。

碳素结构钢：在100℃~250℃之间回火后能获得较好的力学性能。

合金结构钢：为了获得良好的综合力学性能，往往在三个不同温度范围回火：超高强度钢在200℃~300℃；弹簧钢在460℃附近；调质钢在550℃~650℃回火。

碳素及合金工具钢：要求具有高硬度和高强度，回火温度一般不超过200℃。回火时具有二次硬化的合金结构钢、模具钢和高速钢等在500℃~650℃范围内回火。

回火时间：一般1~3小时。

冷却方式：回火后一般采取在空气中自然冷却至室温，防止重新产生内应力；对于有高温回火脆性的钢件，回火后应进行油冷或水冷，以抑制回火脆性。

第七节

钢的表面热处理

一、表面热处理的目的

表面热处理的目的主要是通过迅速加热钢表面至一定温度后快速冷却，使钢表面获得很高的硬度，从而提升零件的耐磨性、疲劳强度、抗蚀性和抗高温氧化性。这种处理方式能够针对性地改善钢表面的性能，而不必对整个钢件进行热处理，从而节省能源和成本。

二、表面热处理的分类及工艺特点

表面热处理主要分为两大类：表面淬火和表面化学热处理。

（一）表面淬火

（1）表面淬火工艺：将工件表面快速加热到奥氏体区，在热量尚未达到心部时迅速冷却，使表面得到一定深度的淬硬层，而心部仍保持原始组织的一种局部淬火方法。

（2）表面淬火所用材料一般多用中碳钢、中碳合金钢，也有用工具钢、球墨铸铁等。典型零件：如用40钢、45钢制作的机床齿轮齿面的强化、主轴轴颈处的硬化等。

（3）常用表面淬火方法。

表面淬火是一种只对工件表层进行淬火，使表层形成淬硬层（马氏体组织），而心部仍保持原有组织的热处理方法。这种方法能够提高工件表面的硬度和耐磨性，同时保持心部的韧性。以下是几种常用的表面淬火方法。

① 感应加热表面淬火。

感应加热表面淬火是利用电磁感应原理，在工件表面产生电流密度很高的涡流来加热工件表面的淬火方法。根据所用电流频率的不同，可分为：

A. 高频感应加热表面淬火：电流频率为 100～500kHz，最常用频率为 200～300kHz，可获淬硬层深度为 0.5～2.0mm，主要适用于中、小模数齿轮及中、小尺寸轴类零件的表面淬火。

B. 中频感应加热表面淬火：电流频率为 500～10000Hz，最常用频率为 2500～8000Hz。可获淬硬层深度为 3～5mm。主要用于要求淬硬层较深的较大尺寸的轴类零件及大中模数齿轮的表面淬火。

C. 工频感应加热表面淬火：电流频率为 50Hz，不需要变频设备。可获得淬硬层深度为 10～15mm。适用于轧辊、火车车轮等大直径零件的表面淬火。

② 火焰淬火。

火焰淬火是用温度极高的可燃气体火焰直接加热工件表面的表面淬火方法。其优点是设备简单、使用方便、成本低，不受工件体积大小的限制，可灵活移动使用；淬火后表面清洁，无氧化、脱碳现象，变形也小。缺点是表面容易过热；较难得到小于 2mm 的淬硬层深度，只适用于火焰喷射方便的表层上；采用的混合气体有爆炸危险。

③ 激光加热表面淬火。

激光加热表面淬火是利用聚焦后的激光束作为热源照射在待处理工件表面，使其需要硬化部位温度瞬间急剧上升而形成奥氏体，随后经快速冷却获得晶粒细小的马氏体或其他组织的淬硬层过程的热处理加工技术。其具有加热速度快、所得组织细密、淬硬性高、不变形等特点，并且技术适用性广，不受感应器制作难度的限制。

④ 电子束加热表面淬火。

电子束加热表面淬火是利用电子束在很短时间内轰击表面，表面温度迅速升高，而基体仍保持冷态。当电子束停止轰击时，热量迅速向冷基体金属传导，从而加热表面并自行淬火。其加热效率高，消耗能量最小，但需要有一定真空度。

⑤等离子束加热表面淬火。

等离子束加热表面淬火是采用高能量密度的等离子束为热源，形成超音速射流，扫描金属表面，使其以极快的速度达到奥氏体化温度，热源随即移开，热量立即向工件深处和未加热部分传导，被加热的工件局部表层迅速冷却，该区域的奥氏体便转变成马氏体并被强化，硬度大幅度提高。

（二）表面化学热处理

1. 工艺

将工件置于某种化学介质中，通过加热、保温和冷却，使介质中的某些活性元素渗入工件表层，以改变工件表层的化学成分和组织，从而达到"表硬心韧"的性能特点。

2. 工艺特点

（1）既改变工件表面的化学成分，又改变表面组织和性能。

（2）表面与心部的成分不同、组织不同。

3. 目的

提高表面硬度、耐磨性，而使心部仍保持一定的强度和良好的塑性和韧性。

4. 分类

表面化学热处理是一种通过改变工件表层化学成分、组织和性能的金属表面热处理技术。根据渗入元素的不同，表面化学热处理可分为渗碳、渗氮、氮碳共渗和渗金属等。渗碳、渗氮、氮碳共渗可提高零件的硬度、耐磨性和疲劳强度。以下是对这些方法的详细介绍。

（1）渗碳。

渗碳是将工件置于具有活性的渗碳介质中，加热到900℃~950℃的单相奥氏体区，保温足够时间后，使渗碳介质中分解出的活性碳原子渗入钢件表层。渗碳后，钢件表面的化学成分接近高碳钢，再经过淬火和低温回火，使工件表面具有高硬度和耐磨性，而心部仍保持低碳钢的韧性和塑性。渗碳适用于低碳钢或低碳合金钢，广泛用于制造齿轮、轴、凸轮轴等机械零件。

（2）渗氮。

渗氮是在一定温度和介质中使氮原子渗入工件表层的化学热处理工艺。常见方法包括气体渗氮和离子渗氮。气体渗氮是将工件放入密封容器中，通以流动的氨气并加热，氨气分解产生活性氮原子，渗入工件表层。离子渗氮则利用辉光放电原理，将氮氢原子电离后轰击工件表面，实现氮的渗入。渗氮可提高工件表面硬度、耐磨性和疲劳强度，适用于多种钢材。

（3）氮碳共渗。

氮碳共渗是在铁—氮共析转变温度以下，使工件表面在渗入氮的同时也渗入碳。碳形成的微细碳化物能促进氮的扩散，加快高氮化合物的形成，从而提高渗入速度。氮碳共渗后，工件表面形成韧性好、硬度高、耐磨、耐腐蚀的化合物层。常用的氮碳共渗方法有液体法和气体法，处理温度为530℃~570℃，保温时间1~3小时。

（4）渗金属。

渗金属是将工件置于含有金属元素的介质中加热，使金属元素渗入工件表层，以提高其表面硬度、耐磨性、耐腐蚀性和抗氧化性。常见的渗金属工艺包括渗铝、渗铬、渗锌等。渗金属后，工件表面形成一层合金层，显著提升其表面性能。

习　　题

一、填空

1. 钢的热处理是指通过钢在_____的加热、保温和冷却，以改变其_____，从而获得所需性能的工艺方法。

2. 钢热处理的基本目的是提高钢材的_____（如硬度、强度、韧性等）、消除材料_____、改善切削加工性能以及细化晶粒等。

3. 钢的热处理主要方式包括_____、_____、_____和_____。

4. 淬火是将钢材加热到_____以上一定温度，保温以后，以大于临界冷却速度冷却得到_____（或下贝氏体）的热处理工艺。其目的是大大提高钢的_____。

5. 回火是将淬火后的钢材重新加热到低于_____的某一温度，保温一定时间后冷却，以调整钢材的_____，获得所需的综合力学性能。

二、判断题

1. 钢在加热到临界点 A_{c1} 时，所有类型的钢都会完全转变为奥氏体。（   ）

2. 钢在加热过程中，奥氏体的形成是组织转变的主要过程之一。（   ）

3. 钢在加热时，奥氏体的晶粒会一直保持不变，不会随着温度的升高而长大。（   ）

4. 所有类型的钢在加热到足够高的温度时，都会转变为单一的奥氏体组织。（   ）

5. 钢在加热时的组织转变只与加热温度有关，与加热速度和冷却速度无关。（   ）

三、思考题

1. 钢的热处理是什么？其主要目的是什么？
2. 钢的热处理主要包括哪些基本工艺？每种工艺的主要作用是什么？
3. 钢的热处理在工业生产中有何重要应用？

第四章

金属材料

第一节 工业用钢

一、钢中杂质

钢中常见的杂质包括硫（S）、磷（P）、硅（Si）和锰（Mn）等。这些杂质对钢的性能有不同影响。

硫：使钢材在较高温度下变得极脆，称为热脆，影响钢材的韧性和可加工性。

磷：提高钢的强度和硬度，但降低钢的塑性和韧性，特别是在低温下易导致冷脆现象。

硅：能溶于铁素体中，具有固溶强化的作用，但会降低钢的韧性和塑性。

锰：大部分溶于铁素体中，形成置换固溶体，增强铁素体强度，并减轻硫的有害作用。

这些杂质的存在和含量需要严格控制，以确保钢材达到所需的性能标准。

二、我国钢材牌号的表示方法

我国钢材牌号的表示方法主要遵循国家标准《钢铁产品牌号表示方法》（GB/T 221—2008）中的规定，采用汉语拼音字母、化学元素符号和阿拉伯数字相结合的方式来表示。以下是具体的表示方法。

（一）基本组成

化学元素：采用国际化学符号表示，如 Si、Mn、Cr 等。混合稀土元素用"RE"(或"Xt")表示。

产品名称、用途、冶炼和浇注方法:一般采用汉语拼音的缩写字母表示。

化学元素含量:钢中主要化学元素含量(%)采用阿拉伯数字表示。

(二) 分类说明

1. 碳素结构钢

由 Q + 数字 + 质量等级符号 + 脱氧方法符号组成。

"Q"代表钢材的屈服点。

数字表示屈服点数值,单位是 MPa,如 Q235 表示屈服点(σs)为 235MPa 的碳素结构钢。

质量等级符号有 A、B、C、D,分别表示不同的质量等级。

脱氧方法符号有 F(沸腾钢)、b(半镇静钢)、Z(镇静钢)、TZ(特殊镇静钢),其中镇静钢可不标符号。

2. 优质碳素结构钢

钢号开头的两位数字表示钢的碳含量,以平均碳含量的万分之几表示,如 45 钢表示平均碳含量为 0.45%。

锰含量较高的钢,会在钢号中标出锰元素,如 50Mn。

沸腾钢、半镇静钢及专门用途的优质碳素结构钢,会在钢号最后特别标出,如 10b 表示平均碳含量为 0.1% 的半镇静钢。

3. 合金结构钢

钢号中主要合金元素,除个别微合金元素外,一般以百分之几表示。

当平均合金含量 <1.5% 时,钢号中一般只标出元素符号,不标明含量;但在特殊情况下易致混淆者,在元素符号后亦可标以数字"1"。

当合金元素平均含量 ≥1.5%、≥2.5%、≥3.5%……时,在元素符号后应标明含量,可相应表示为 2、3、4 等。

钢中的微合金元素[如钒(V)、钛(Ti)、铝(Al)、硼(B)、稀土元素(RE)等],虽然含量很低,但仍应在钢号中标出。

高级优质钢应在钢号最后加"A",以区别于一般优质钢。

4. 其他钢材

弹簧钢、滚动轴承钢、合金工具钢和高速工具钢等,其钢号表示方法各有特点,但总体上也是采用汉语拼音字母、化学元素符号和阿拉伯数字相结合的方式。

三、合金元素在钢中的作用

按合金元素与碳亲和力的大小,常用合金元素可分为两大类:非碳化物形成元素:钴(Co)、镍(Ni)、铜(Cu)、硅(Si)、铝(Al);碳化物形成元素:锆(Zr)、铌(Nb)、钒(V)、钛(Ti)、钨(W)、钼(Mo)、铬(Cr)、锰(Mn)、铁(Fe)。

(一)合金元素对钢中基本相的影响

固溶强化:与碳亲合力较弱的合金元素会溶入铁素体内,形成合金铁素体,对基体产生固溶强化作用,从而提高钢的强度。

形成合金碳化物:与碳亲合力较强的合金元素能置换 Fe_3C 中的铁原子,形成合金 Fe_3C,这种碳化物稳定性更高,硬度更大,是低合金钢中存在的主要碳化物。

特殊碳化物:当某些合金元素与碳亲合力很强且含量大于5%时,易形成特殊碳化物,这些碳化物具有更高的熔点、硬度、耐磨性和回火稳定性。

影响相变:合金元素还会影响钢的相变过程,如减缓奥氏体化的速度、降低钢的临界冷却速度、提高淬透性等,从而影响钢的组织和性能。

(二)合金元素对 Fe-C 相图的影响

合金元素对 A 相区的影响:扩大 A 相区元素(Mn、Ni、Co)→E、S 点左下移(E 点左移表示莱氏体钢含碳量降低,S 点左移表示共析钢含碳量降低);扩大 F 相区元素(Cr、V、Mo)→E、S 点左上移。

（三）合金元素对热处理的影响

1. 对加热的影响

（1）对奥氏体形成速度的影响：碳化物形成元素→减慢了碳的扩散速度→降低了奥氏体形成速度，提高了奥氏体化温度。

（2）对奥氏体晶粒度的影响：除 Mn 外，几乎所有合金元素均能阻止加热时奥氏体晶粒的长大。结论：多数元素减缓奥氏体形成，阻碍晶粒长大。

2. 对冷却的影响

（1）合金元素对 C 曲线的影响。

如图 4-1 所示，除钴（Co）外的合金元素加入使 C 曲线右移。有些强碳化物形成元素不仅使 C 曲线右移，而且使 C 曲线出现两个鼻尖。

（2）合金元素对马氏体转变的影响。

如图 4-1 所示，除 Co、Al 外，大多数合金元素均降低 M_s 点，使残余奥氏体量增加，影响最显著的是 Mn、Ni、Cr、Mo 等。结论：多数元素溶入 A 后→过冷 A 稳定性↑→Vk↑→淬透性↑；多数元素溶入 A 后→过冷 A 稳定性↑→M_s 点↓→残余 A 量↑；提高淬透性的意义：①增加淬硬层深度；②减少工件变形、开裂倾向。

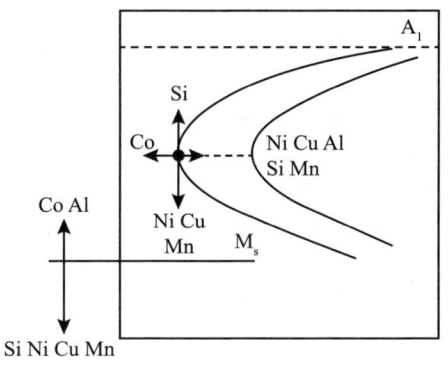
（a）非（弱）碳化物元素对C曲线的影响

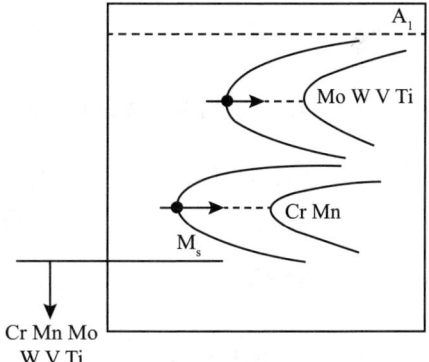
（b）碳化物元素对C曲线的影响

图 4-1　合金元素对 C 曲线的影响

资料来源：张建军. 工程材料与成型工艺［M］. 北京：机械工业出版社，2020：105.

3．对回火的影响

（1）回火稳定性提升：提高抗回火软化的能力。

（2）产生二次硬化（W、Mo、V、Co）：①析出特殊碳化物，产生弥散强化；②A残→M 或 $B_下$。

四、我国钢材的分类

（一）按冶炼时的脱氧程度分类

（1）镇静钢：用硅铁和铝进行完全脱氧的钢，浇铸时很少析出气体。镇静钢化学成分均匀，组织致密，具有较高的机械性能。

（2）沸腾钢：用弱脱氧剂锰铁进行不完全脱氧的钢，浇铸时钢水中残留的氧与碳反应，生成大量 CO，气体逸出犹如钢水沸腾。

（3）半镇静钢：钢水的脱氧程度介于前二者之间，浇铸时无明显沸腾，但有少量气体，铸锭中有气孔存在。

（二）按含碳量分类

（1）低碳钢：含碳量≤0.25%。

（2）中碳钢：0.25% < 含碳量≤0.6%。

（3）高碳钢：含碳量 >0.6%。

（三）按冶金质量（钢中有害杂质 S、P 含量）分类

（1）普通钢：钢中 S、P 含量分别≤0.050% 和≤0.045%。

（2）优质钢：钢中 S、P 含量均≤0.035%。

（3）高级优质钢：钢中 S、P 含量分别≤0.030% 和≤0.035%。

（四）按用途分类

（1）结构钢：有良好的力学性能和加工性能，强度高。

（2）工具钢：有高硬度、耐磨性和适当的韧性，经热处理后能保持高

硬度和红硬性。

（3）特殊性能钢：具有特殊物理、化学或力学性能的钢，如不锈钢、耐热钢、耐磨钢等，能在特殊环境下工作，满足特定需求。

（五）按合金元素含量分类

（1）低合金钢：Me≤5%，Me 表示合金元素。

（2）中合金钢：5%＜Me≤10%。

（3）高合金钢：Me＞10%。

五、机械结构用钢

（一）普通碳素结构钢

1. 普通结构钢

普通结构钢常用牌号：Q195、Q215、Q235、Q255、Q275。（1）用途：Q195、Q215：塑性高，用于冲压件、铆钉、型钢等；Q235：强度较高，用于轴、拉杆、连杆等；Q255、Q275：强度更高，用于轧辊、主轴、吊钩等。（2）性能特点：强度低，塑韧性好，焊接性优良。（3）成分特点：低碳。（4）使用状态：热轧态或正火态（F+S），不需最终热处理。

2. 低合金高强度结构钢

低合金高强度结构钢常用牌号：Q295、Q345、Q390、Q420、Q460。（1）用途：做工程结构，如桥梁、船舶、车辆外壳、支架、压力容器等。（2）性能特点：较高的屈服强度，良好的塑韧性、焊接性、抗蚀性，冷脆转变温度低。（3）成分特点：0.1%～0.2%C，合金元素2%～3%。主加元素：Mn→固溶强化，辅加元素：钛（Ti）、铬（Cr）、铌（Nb）→弥散强化。（4）使用状态：热轧态或正火态（F+S），不需最终热处理。

3. 铸钢

（1）用途：用于制作形状复杂且强度和韧性要求较高的零件，如轧钢机架、缸体、火车车轮、曲轴等。

(2) 成分特点：含碳量在 0~2%。

(3) 性能特点：强度较高、韧性较好和塑性较强。

(4) 常用牌号表示方法：用力学性能表示：ZG200-400（σs≥200Mpa，σb≥400Mpa）；用化学成分表示：ZG30（0.3%C）。

（二）渗碳钢

(1) 常用牌号：20、20Cr、20CrNiMo、20CrMnTi、18Cr2Ni4W，如表 4-1 所示。

表 4-1　　　　　　　　　　常用渗碳钢

常用牌号	20、20Cr	20CrNiMo、20CrMnTi	18Cr2Ni4W
淬透性	低	中	高
典型零件	机床齿轮	汽车变速齿轮	飞机齿轮

(2) 用途：受冲击和强烈磨损、摩擦的零件（各类齿轮、凸轮）。

(3) 性能特点：表面→高硬度、高耐磨性；心部→强度较高，韧性好。

(4) 成分特点：0.1%~0.25%C→低碳钢。

主加元素：镍（Ni）、铬（Cr）、锰（Mn）→提高淬透性。

辅加元素：钨（W）、钼（Mo）、钒（V）、钛（Ti）等→细化晶粒（VC，TiC，耐磨性↑）。

(5) 最终热处理：渗碳+淬火+低温回火。

热处理后的组织：

表层：高碳回火 M+Fe_3C 或碳化物+残余 A'。

心部：淬透→低碳回火 M；未淬透：F+P。

（三）调质钢

(1) 常用牌号：45、40Cr、40CrMnMo。

(2) 用途：受复合应力的重要结构件（齿轮、连杆、机床主轴等）。

(3) 性能特点：良好的综合力学性能。

（4）成分特点：0.3%~0.5%C→中碳钢。主加元素：Cr、Ni、Mn、Si→提高淬透性，强化基体；辅加元素：W、Mo、V、Ti→细化晶粒，回火稳定性↑。

（5）热处理：①预处理：正火→S→改善组织，消除锻造应力，便于切削加工。②终处理：调质→回火S→获得良好的综合机械性能。表面要求高硬度，高耐磨，疲劳强度↑→表面淬火+低温回火（回火M）。

（四）弹簧钢

（1）常用牌号：65、65Mn、60Si2Mn。

（2）用途：各种弹性元件，如小尺寸的沙发弹簧、大尺寸的汽车板簧。

（3）性能特点：高的弹性极限、抗拉强度、疲劳强度，一定的塑韧性。

（4）成分特点：0.45%~0.7%C（碳钢0.6%~0.9%C）→保证高的弹性极限。主加元素：Mn、Si、Cr→提高淬透性，强化基体，回火稳定性↑。辅加元素：Mo、W、V→防止氧化脱碳，细化晶粒，弹性极限↑。

（5）热处理：热成型弹簧（尺寸大，60Si2Mn）。加热成型→淬火+中温回火（回火T，38~50HRC）→喷丸。冷成型弹簧（尺寸小，65Mn）。冷拉钢丝→冷成型→去内应力退火（200℃~300℃）。

（五）滚动轴承钢

（1）常用牌号：GCr15、GCr9。

（2）用途：滚动轴承元件（滚珠、滚柱、轴承套），冷冲模，量具。

（3）性能特点：硬、耐磨，疲劳强度高，有一定的韧性。

（4）成分特点：0.95%~1.15%C→硬、耐磨。主加元素：Cr→提高淬透性，使材料硬而耐磨。

（5）热处理：①预处理：球化退火→球状P（180~270HBS），改善切削加工性；②终处理：淬火+低温回火→回火M+合金碳化物+残余A′。

（六）易切削结构钢

（1）常用牌号：Y12、Y12Pb、Y30、Y40Mn。

（2）用途：成批、大量生产时，制作性能要求不高的紧固件和小型零件。

（3）性能特点：良好的切削加工性（170～240HBS，塑性低）。切削抗力小，刀具不易磨损，加工表面粗糙度低。

六、工具钢

（一）刃具钢

1. 碳素工具钢

（1）常见牌号及用途：T8、T8A——木工工具；T10、T10A——手锯锯条、钻头、丝锥、冷冲模；T12、T12A——锉刀、绞刀、量具。

（2）性能特点：硬、耐磨。

（3）热处理：①预处理：球化退火→改善切削加工性；②终处理：淬火＋低温回火→回火M＋合金碳化物＋残余A′，洛氏硬度（HRC）↑、耐磨性↑。

2. 合金刃具钢

（1）常用钢号：9SiCr、CrWMn、9Mn2V。

（2）用途：用于制作切削用量不大、形状复杂、精度较高的刀具：丝锥、板牙、拉刀。

（3）成分特点：0.8%～1.5%C→硬、耐磨；Cr、W、Mn、V→提高淬透性、回火稳定性，细化晶粒。

（4）热处理：①预处理：球化退火→改善切削加工性；②终处理：淬火＋低温回火→回火M＋合金碳化物＋残余A′，HRC↑、耐磨性↑。

3. 高速钢

（1）常用牌号：W18Cr4V（红硬性高）、W6Mo5Cr4V2（韧性高、红硬性高、600℃），淬透性好→锋钢。

（2）用途：高速切削刃具。

（3）性能特点：高的红硬性、足够强度、硬度、耐磨性，一定塑韧性。

（4）成分特点：含碳量0.7%～1.2%C，合金元素W、Mo、Cr、V→产

生二次硬化,热硬性↑。

(5) 锻造与热处理。莱氏体中粗大的共晶碳化物呈鱼骨状,热处理方法无法去除。锻造:使碳化物细化并均匀分布。①预处理:球化退火→S+细粒状碳化物→HBW210~250;②终处理:淬火(1280℃)+三次回火(560℃),如图4-2所示,回火M+合金碳化物+残余A′→63~66HRC。

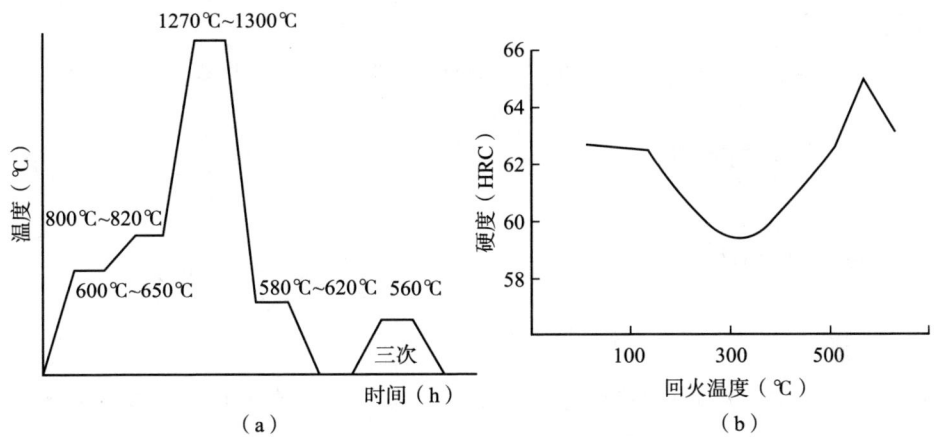

图4-2 高速钢的热处理工艺及回火性能曲线

资料来源:郑明新. 金属材料学 [M]. 北京:清华大学出版社,1996:127-130.

(二) 模具钢

1. 冷作模具钢

(1) 性能特点:高硬度、耐磨性,足够的强度、韧性。

(2) 常用牌号:T10、GCr15——尺寸小、形状简单的模具。9SiCr、9Mn2V、CrWMn——形状复杂的模具。Cr12、Cr12MoV——大型复杂的模具。

(3) 热处理:淬火+低温回火。组织:回火M+合金碳化物+残余A′。

2. 热作模具钢

(1) 性能特点:在高温下具有足够的强韧性、耐磨性,良好的抗疲劳性、导热性、淬透性。

(2) 常用牌号:5CrNiMo——中小型热锻模(亚共析钢)。5CrMnMo——

中大型热锻模。3Cr2W8V——压铸模（过共析钢）。

(3) 热处理：淬火+中温回火。组织：回火T。

(三) 量具钢

(1) 性能特点：高硬度、高耐磨性、尺寸稳定性好。

(2) 常用牌号：T10A、T12A——简单量具。9SiCr、CrWMn、GCr15——高精度量具。

(3) 热处理：包括淬火、回火和时效处理三个主要步骤。

七、特殊性能钢

(一) 不锈钢

1. 成分特点

0.1%~0.2%C→提高耐蚀性；主加元素Cr→提高基体电极电位；形成钝化膜（Cr_2O_3）；获得单相组织。

2. 常用钢种

(1) 铁素体不锈钢。10Cr17——不能热处理强化。

(2) 马氏体不锈钢。12Cr13、20Cr13→淬火+高温回火（回火S）→耐蚀结构件；30Cr13、68Cr17→淬火+低温回火（回火M）→医疗器械、工具。

(3) 奥氏体不锈钢。典型钢种：06Cr19Ni10；热处理：固溶处理（淬火）→单相A；区别于普通淬火：无相变，淬火后硬度低；强化方式：加工硬化；应用举例：耐酸容器、餐具。

(二) 耐热钢

(1) 性能特点：抗氧化性好，热强性高。

(2) 常用钢种：15CrMo、25Cr2MoVA；12Cr13、10Cr17、06Cr19Ni10。

(3) 用途：制造锅炉、汽轮机、动力机械、工业炉和航空、石油化工等工业部门中在高温下工作的零部件。

第四章 金属材料

(三) 高锰耐磨钢

(1) 常用牌号：ZGMn13。

(2) 成分特点：0.9%~1.4%C，13%Mn。

(3) 水韧处理：加热1100℃→水淬→单相A；冲击时：表面A→M产生硬化。

(4) 用途：挖掘机铲斗、坦克履带、铁轨道岔、保险箱、防弹钢板等。

第二节 铸 铁

一、铸铁的分类与石墨化

铸铁是一种以Fe、C、Si为基础的多元合金，除C、Si外，铸铁中还有Mn、P、S等元素。

为了提高铸铁的机械性能，通常在铸铁成分中添加少量Al、Cr、Ni、Mn等合金元素制成合金铸铁。

(一) 铸铁的成分、组织及特点

1. 铸铁的成分与组织

(1) 成分。

与碳钢相比较，含有较高的C、Si（C为2.0%~4.0%，Si为1.0%~3.0%）；杂质元素Mn、P、S较高；合金铸铁中，还含有某些合金元素。

(2) 组织。

碳主要是以石墨（G）形式存在；组织是由金属基体和石墨所组成。金属基体有珠光体、铁素体和珠光体加铁素体三类，它们相当于钢的组织。

2. 铸铁的性能特点

成本低廉，铸造工艺简单；耐磨性、减摩性和消振性优良；切削加工性能好；抗拉强度、塑性和韧性相对较低，与钢相比机械性能较差。

(二) 铸铁的分类

1. 按碳存在的形式分

(1) 白口铸铁（以下简称"白口铁"）。

碳以 Fe_3C 形式存在；断口呈白亮色，如图 4-3 (a) 所示；硬而脆，切削加工困难；用来制造硬度高、耐磨的零件（如破碎机的压板、轧辊、火车轮、犁铧等），还可作为炼钢原料和可锻铸铁的毛坯。

(a) 白口铸铁　　　　(b) 灰口铸铁

图 4-3　白口铸铁和灰口铸铁的断口形貌

(2) 灰口铸铁（以下简称"灰口铁"）。

碳以石墨（G）的形式存在；断口呈灰色，如图 4-3 (b) 所示；具有良好的铸造性能和切削加工性能；价格低廉，制造方便，应用广泛。

(3) 麻口铸铁（以下简称"麻口铁"）。

碳以 Fe_3C 和 G 两种形式存在；断口中夹杂白亮的游离 Fe_3C 和暗灰色的 G；生产中很少用麻口铁。

2. 按石墨形态分

(1) 灰铸铁，石墨呈片状；

(2) 蠕墨铸铁，石墨呈蠕虫状；

(3) 可锻铸铁（又称玛铁、玛钢），石墨呈团絮状；

(4) 球墨铸铁，石墨呈球状。

（三）铸铁的石墨化

铸铁中石墨的形成过程称为石墨化过程。

1. 铁碳合金双重相图

铸铁中的碳能以石墨或渗碳体两种独立相存在，因此铁—碳相图存在两重性，即铁—石墨（G）相图与铁—渗碳体（Fe_3C）相图，如图4-4所示。

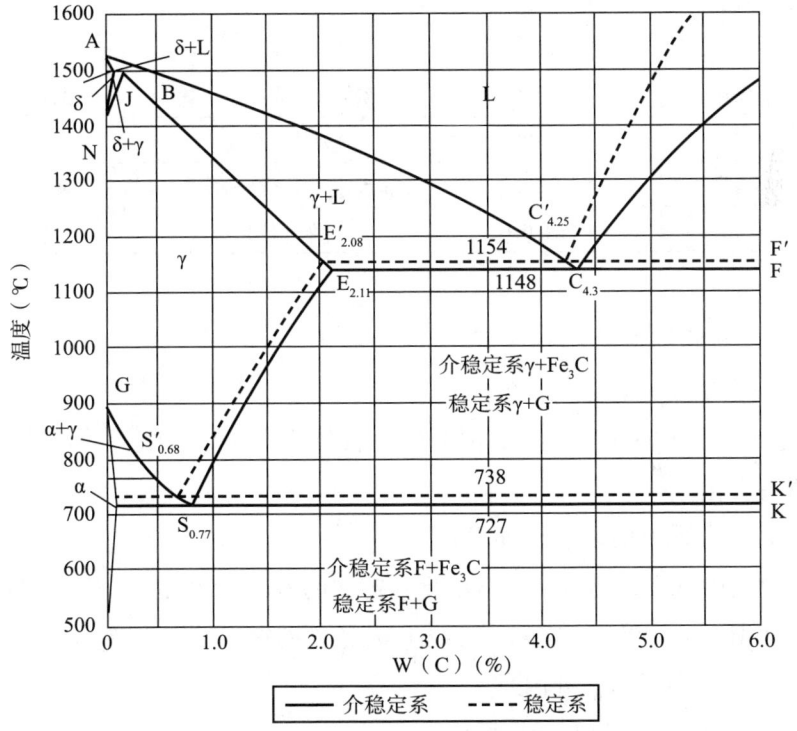

图4-4　Fe-C合金双重相图

资料来源：樊新民，车剑飞，肖迎红．热处理工艺与原理［M］．北京：化学工业出版社，2013：4-7．

在一定条件下，$Fe-Fe_3C$系相图可以向$Fe-G$系相图转化，所以Fe-

G 为稳定系平衡相图，Fe – Fe₃C 为亚稳定系相图。

2. 铸铁石墨化过程

根据 Fe – C 合金双重相图，铸铁的石墨化过程可分为两个阶段：

(1) 第一阶段，从液相至共析转变之前；

(2) 第二阶段，共析转变。

铸铁石墨化进行的程度与铸铁组织的关系概括如表 4 – 2 所示。

表 4 – 2　　　　　　　铸铁石墨化的程度与组织的关系

石墨化进行程度		铸铁的显微组织	铸铁名称
第一阶段	第二阶段		
完全石墨化	完全石墨化	铁素体 + 石墨	灰口铸铁
	部分石墨化	铁素体 + 珠光体 + 石墨	
	未石墨化	珠光体 + 石墨	
部分石墨化	未石墨化	莱氏体 + 珠光体 + 石墨	麻口铸铁
未石墨化	未石墨化	莱氏体	白口铸铁

3. 影响铸铁石墨化的因素

(1) 化学成分的影响（内因）。

C、Si 强烈促进石墨化，P 部分促进石墨化；Mn、S 阻碍石墨化（S 强烈阻碍石墨化）。

(2) 冷却速度的影响（外因）。

冷却速度越慢，越有利于石墨化；铸铁的冷却速度是一个综合性因素，它与浇注温度、铸型材料的导热能力以及铸件的壁厚等因素有关。

(3) 温度的影响（外因）。

高温长时间保温有利于石墨化。

二、灰铸铁

灰铸铁是价格最便宜、应用最广泛的一种铸铁，在各类铸铁的总产量中，灰铸铁占 80% 以上。

(一) 灰铸铁的化学成分、组织及性能特点

1. 灰铸铁的化学成分

灰铸铁的化学成分范围一般为：$W_C = 2.7\% \sim 3.6\%$，$W_{Si} = 1.0\% \sim 2.5\%$，$W_{Mn} = 0.5\% \sim 1.3\%$，$W_P \leqslant 0.3\%$，$W_S \leqslant 0.15\%$。

2. 灰铸铁的组织

普通灰铸铁的组织由片状石墨和钢的基体组成。钢的基体包括铁素体、铁素体＋珠光体和珠光体三种。

3. 灰铸铁的性能特点

(1) 力学性能。

灰铸铁的强度、塑性与韧性远低于钢，如表 4-3 所示。

表 4-3 灰铸铁与碳钢力学性能比较

性能指标	抗拉强度 R_m (N·mm^{-2})	延伸率 A (%)	冲击韧性 K (J)	弹性模量 E (N·mm^{-2})
铸造碳钢	400 ~ 650	10 ~ 25	20 ~ 60	20000 × 10^7
灰铸铁	100 ~ 400	0 ~ 0.5	0 ~ 5.0	(7000 ~ 16000) × 10^7

灰铸铁的抗压强度、硬度与耐磨性接近于钢（主要取决于基体，石墨对抗压强度影响不大）。

(2) 其他性能。

铸造性能良好（接近共晶成分，熔点低，流动性好，收缩率小）；耐磨、减摩性好（石墨脱落，孔洞可储存润滑油，石墨是优良固体润滑剂，摩擦系数小）；减振性强；切削加工性良好（石墨易断屑，摩擦系数小）；缺口敏感性小。

(二) 灰铸铁的孕育处理

孕育处理：向出炉的铁水中加入孕育剂。

孕育剂作用：增大石墨非自发形核。

常用孕育剂：含75%Si的硅铁合金、硅钙合金、稀土合金等。

孕育铸铁金相组织：细密的珠光体基体上，均匀分布细小的石墨。

（三）灰铸铁的牌号、应用及热处理

灰铸铁的牌号、机械性能及应用如表4-4所示。

表4-4　　　　　灰铸铁的牌号、机械性能及用途

铸铁类别	牌号	机械性能		硬度（HBW）	用途示例
		抗拉强度 R_m（MPa）	抗弯强度 σ_b（MPa）		
		不小于			
铁素体灰口铸铁	HT100	100	260	143~229	低载荷和不重要的部件，如盖、外罩、手轮、支架等
铁素体—珠光体灰口铸铁	HT150	150	330	163~229	承受中等应力的零件，如底座、床身、工作台、阀体、管路附件及一般工作条件要求的零件
珠光体灰口铸铁	HT200	200	400	170~241	承受较大应力和较重零件，如气缸体、齿轮、机座、床身、活塞、齿轮箱等
	HT250	250	470	170~241	
孕育铸铁	HT300	300	540	187~255	床身导轨，车床、冲床等受力较大的床身、机座、主轴箱、卡盘、齿轮等
	HT350	350	610	197~269	高压油缸、泵体、衬套、凸轮、大型发动机的曲轴、气缸体、气缸盖等
	HT400	400	680	207~269	

1. 灰铸铁的牌号

普通灰铸铁：HT100、HT150、HT200、HT250等。

孕育铸铁：HT300、HT350、HT400。

"HT"表示"灰铸铁"，HT后面的数字表示"最低抗拉强度"。

2. 灰铸铁的应用

灰铸铁常用来制造形状复杂、受静载荷、要求减震减摩的床身、箱体、

座架类零件。

3．灰铸铁的热处理

（1）低温退火（去应力退火）。

去应力退火通常加热温度为500℃～550℃，保温时间为2～8小时，然后炉冷，可消除铸件内应力的90%～95%。

（2）高温退火（消白口）。

铸件冷却时，表层及薄截面处，往往产生白口。白口组织硬而脆、加工性能差、易剥落。须采用高温退火的方法消除白口组织。

退火工艺为：加热到550℃～950℃，保温2～5小时，随后炉冷到500℃～550℃再出炉空冷。

（3）表面淬火。

提高铸件表面硬度、耐磨性及疲劳强度，可采用表面淬火。例如，机床导轨、气缸内壁等。

三、球墨铸铁

改变石墨形态是大幅度提高铸铁机械性能的根本途径，球状石墨对基体割裂作用小，是最为理想的一种石墨形态。

（一）球化处理

球墨铸铁是用灰铸铁液经球化和孕育处理后制得的。

球墨铸铁常用的球化剂有镁、稀土或稀土镁，孕育剂常用的是硅铁合金或硅钙合金。

（二）球墨铸铁的化学成分、组织

1．化学成分

球墨铸铁的大致化学成分范围是：3.6%～3.9% C，2.0%～3.2% Si，0.3%～0.8% Mn，<0.1% P，<0.07% S，0.03%～0.08% Mg。由于球化剂的加入会阻碍石墨化，并使共晶点右移造成流动性下降，所以必须严格控制

其含量。

2. 组织

球墨铸铁的显微组织由球形石墨和金属基体两部分组成。球墨铸铁在铸态下的金属基体可分为铁素体、铁素体＋珠光体、珠光体三种。

（三）球墨铸铁的牌号、性能及应用

1. 牌号

"QT"＋最低抗拉强度（MPa）＋最低延伸率（％）。

2. 性能

球状石墨，对基体破坏作用小，基体强度利用率可达70％～90％。除有类似于灰铸铁的良好减震性、耐磨性、切削加工性和铸造工艺性外，还具有比普通灰铸铁高得多的强度、塑性和韧性，抗拉强度可达1200～1450Mpa，延伸率可达17％，冲击值可达60J/cm^2，部分球墨铸铁的力学性能及应用如表4－5所示。

表4－5　　　　　　部分球墨铸铁的力学性能及应用

名称	牌号	抗拉强度（MPa）	硬度（HBW）	特性及应用举例
球墨铸铁	QT400－18	400	120～175	具有较高的韧性、塑性，具有一定的耐腐蚀性，适用于做汽车的轮毂，通用机械的阀门、阀体
	QT450－10	450	160～210	
	QT500－7	500	170～230	有适当的强度和韧性，可做内燃机的油泵齿轮、汽轮机中的隔板等
	QT600－3	600	190～270	具有较高的强度和耐磨性、较高的弯曲疲劳强度和一定的韧性，适于做曲轴、缸体等
	QT700－2	700	225～305	
	QT800－2	800	245～335	
	QT900－2	900	280～360	具有很高的强度和耐磨性、较高的弯曲疲劳强度和一定的韧性，适于做减速齿轮、凸轮轴、犁铧等

资料来源：摘自GB/T1348－2009球墨铸铁件。

3. 应用

球墨铸铁在机械制造中用于生产各种机械零件，如机床床身、齿轮、曲轴等，满足机械制造领域对材料性能的高要求；在汽车工业中，球墨铸铁被用于制造发动机缸体、缸盖、曲轴箱等关键部件，因其优异的性能有助于提高汽车的耐用性和安全性；球墨铸铁在建筑行业中用于制造建筑结构件、桥梁支座、隧道支架等，其高强度和耐腐蚀性能能够满足复杂多变的建筑环境需求；在供水、排水、燃气和工业管道系统中，球墨铸铁管因其耐腐蚀、抗压强度高等特点，成为首选材料，确保管道系统的安全、稳定运行；此外，球墨铸铁还广泛应用于航空航天、纺织机械、医疗设备等领域，其优异的性能为这些行业的发展提供了有力支持。部分球墨铸铁的应用如表4-5所示。

（四）球墨铸铁的热处理

球墨铸铁常采用的热处理工艺有退火、正火、淬火及回火、等温淬火、表面淬火、化学热处理等。

1. 退火

（1）低温退火：铸铁中没有自由渗碳体，只有珠光体时采用。加热至720℃~760℃，保温2~4小时，缓冷至600℃出炉空冷。目的：使共析渗碳体分解，获得铁素体基体的球墨铸铁，提高韧性。

（2）高温退火：铸铁中有自由渗碳体时采用。加热至900℃~950℃，保温1~4小时，缓冷至600℃出炉空冷。目的：消除白口组织，获得铁素体基体的球墨铸铁，提高塑性，降低硬度，增加韧性。

（3）去应力退火：加热至500℃~650℃，保温2~8小时，缓冷至200℃出炉空冷，退火后铸件的内应力可除去90%~95%。

2. 正火

（1）目的。

细化晶粒：通过正火处理，可以使钢件内部的晶粒细化，从而提高材料的力学性能，如强度、韧性和延展性。

均匀组织：正火能够改善钢件内部组织的均匀性，消除或减轻因铸造、锻造等工艺产生的组织缺陷。

调整硬度：对于某些低碳钢和低合金钢，正火可以提高其硬度，改善切削加工性能。

预备热处理：正火常用作淬火、球化退火等后续热处理的预备处理，以获得良好的组织和性能。

（2）工艺。

加热：将钢件加热到临界温度（完全奥氏体化的温度）以上30℃~50℃，通常在800℃~950℃之间。

保温：在加热温度下保持足够的时间，以确保钢件内部温度均匀，并达到所需的组织转变。

冷却：将加热并保温后的钢件从炉中取出，在空气中自然冷却。冷却速度比淬火慢，有助于形成均匀的晶粒组织。

3. 淬火及回火

（1）淬火：将铸件加热到850℃~900℃，保温后淬入油中，得到马氏体基体。为了适当降低淬火后的残余应力，一般淬火后应进行回火。

（2）低温回火：回火后组织为回火马氏体+球状石墨。这种组织耐磨性好，用于要求高耐磨性、高强度的零件。

（3）中温回火：温度为350℃~500℃，回火后组织为回火屈氏体+球状石墨，适用于要求耐磨性好、具有一定稳定性和弹性的零件。

（4）高温回火：温度为500℃~600℃，回火后组织为回火索氏体+球状石墨，综合力学性能好，生产中应用广泛。

4. 等温淬火

（1）工艺：加热到840℃~900℃，保温后，立即在250℃~350℃的盐浴炉中等温，时间为0.5~1.5小时，然后空冷。

（2）等温淬火后组织：下贝氏体+马氏体+少量残余奥氏体+球状石墨。

（3）等温淬火后性能：高强度，较高的塑性和韧性。

5. 表面淬火

为提高铸件表面硬度、耐磨性及疲劳强度，球墨铸铁也可进行表面淬火。一般采用高（中）频感应加热表面淬火和电接触表面淬火。

6. 化学热处理

对于要求表面耐磨或抗氧化、耐腐蚀的铸件，可以采用类似于钢的表面化学热处理工艺，如气体软氮化、氮化、渗硼、渗硫等处理。

四、可锻铸铁

可锻铸铁是由白口铸件经长时间石墨化退火而获得的一种高强度铸铁，又叫玛钢。可锻铸铁中的石墨呈团絮状，对基体的割裂作用小。与灰铸铁相比，它具有较高的强度、塑性、韧性，其延伸率可达12%，冲击功可达24焦耳（J）。

（一）化学成分

2.5%~3.2% C，0.6%~1.3% Si，0.4%~0.6% Mn，0.1%~0.26% P，0.05%~1.0% S。可锻铸铁中碳、硅含量不能太高，以促使铸铁完全白口化；但碳、硅含量也不能太低，否则使石墨化退火困难，退火周期增长。

（二）组织特征及性能特点

1. 组织特征

可锻铸铁的组织形貌如图4-5所示。

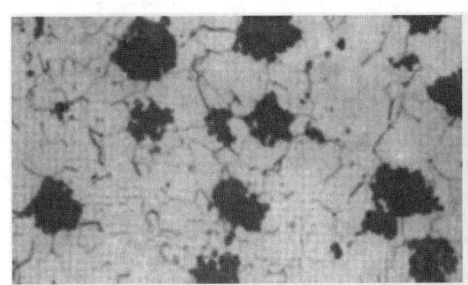
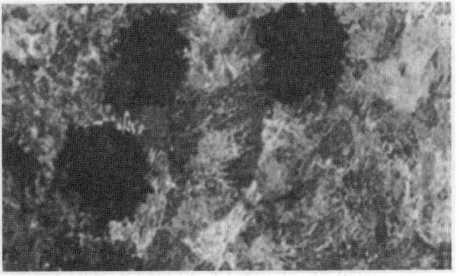

图4-5 可锻铸铁的组织形貌

资料来源：项宏瑶. 金属材料学 [M]. 北京：北京大学出版社，2021：1-3.

（1）铁素体基体+团絮状石墨→断口呈黑灰色→黑心可锻铸铁→强度与塑性比灰铸铁高→适合铸造薄壁零件。

（2）珠光体+团絮状石墨或珠光体与少量铁素体+团絮状石墨→断口呈白色→白心可锻铸铁→应用不多。可锻铸铁并不可锻。

2. 性能特点

可锻铸铁是一种具有高强度、良好韧性和耐磨性的铸造材料，经过石墨化退火处理后，石墨形态稳定，对基体割裂作用小。

（三）可锻铸铁的牌号及用途

可锻铸铁的牌号及用途如表4-6所示。牌号中的"KT"表示"可铁"二字汉语拼音的大写字头，"H"表示"黑心"，"Z"表示珠光体基体。牌号后面的两组数字分别表示最低抗拉强度和最低延伸率。

表4-6　　　　　　　　　可锻铸铁的牌号及用途

牌号	基体类型	试样毛坯直径（mm）	应用举例
KTH300-06 KTH330-08 KTH350-10 KTH370-12	铁素体	16	汽车、拖拉机零件，如后桥壳、轮壳、转向结构壳体、弹簧钢板支座等；机床附件，如钩形扳手、螺纹绞扳手等；各种管接头、低压阀门、农具等
KTZ450-05 KTZ500-04 KTZ600-03 KTZ700-02	珠光体	16	曲轴、连杆、齿轮、凸轮轴、摇臂、活塞环等

（四）可锻铸铁的石墨化退火

（1）获得100%的白口铸件。

（2）将白口铸件加热到900℃~980℃温度，保温60~80小时，炉冷。渗碳体分解，让"第一阶段石墨化"充分进行形成团絮状石墨。待炉冷至770℃~650℃再长时间保温让"第二阶段石墨化"充分进行，这样处理后获得"黑心可锻铸铁"。

（3）若取消第二阶段的770℃~650℃长时间保温，只让第一阶段石墨化充分进行，炉冷后便获得珠光体基体或珠光体与少量铁素体共存的基体加团絮状石墨的"白心可锻铸铁"。

可锻铸铁的问题：退火时间太长，生产效率太低，若退火后在600℃~400℃之间缓冷，则铸铁件脆性变大。

解决办法：（1）退火后在600℃~400℃之间快冷；（2）向铸铁液中引入少量Bi、B元素并适当提高硅的含量可有效地缩短退火时间。

五、蠕墨铸铁

蠕墨铸铁是由液体铁水经变质处理和孕育处理后所获得的一种铸铁。采用的变质剂（又称蠕化剂）有稀土硅铁镁合金、稀土硅铁合金、稀土硅铁钙合金或混合稀土等。

（一）蠕墨铸铁的化学成分和组织特征

1. 化学成分

3.4%~3.6% C，2.4%~3.0% Si，0.4%~0.6% Mn，≤0.06% S，≤0.07% P。

2. 组织特征

钢的基体上分布着蠕虫状石墨。蠕虫状石墨形态介于片状和球状石墨之间。在光学显微镜下看起来像片状，但其片较短而厚、头部较圆（形似蠕虫）。

（二）蠕墨铸铁的牌号、性能特点及用途

1. 牌号

"RuT"表示"蠕铁"二字汉语拼音的大写字头，在"RuT"后面的数字表示最低抗拉强度。

2. 性能特点

蠕墨铸铁具有较高的强度、良好的韧性及伸长率、优异的导热性，且具有良好的铸造性能，抗生长和抗氧化性能也较好，耐磨性高。

3. 用途

由于其独特的性能，蠕墨铸铁广泛应用于汽车发动机、排气管、玻璃模具、柴油机缸盖、制动零件等领域，特别是在复杂大型零件和热交换零件方面表现优异。

六、合金铸铁

合金铸铁可用来制造在高温、高摩擦或耐蚀条件下工作的机器零件。在普通铸铁基础上加入某些合金元素从而获得具有某种特殊性能的合金铸铁，如耐磨性、耐热性或耐蚀性等。

（一）耐磨铸铁

根据工作条件的不同，耐磨铸铁可以分为减摩铸铁和抗磨铸铁两类。

（1）减磨铸铁用于制造在润滑条件下工作的零件，如机床床身、导轨和气缸套等，这些零件要求较小的摩擦系数。

（2）抗磨铸铁用来制造在干摩擦条件下工作的零件，如轧辊、球磨机磨球等。

（二）耐热铸铁

普通灰铸铁的耐热性较差，只能在小于400℃左右的温度下工作。

耐热铸铁是指在高温下具有良好的抗氧化和抗生长能力的铸铁。所谓热生长是指氧化性气氛沿石墨片边界和裂纹渗入铸铁内部，形成内氧化以及因渗碳体分解成石墨而引起体积的不可逆膨胀。铸件在高温和负荷作用下，由于氧化和生长最终导致零件变形、翘曲、产生裂纹，甚至破裂。

在铸铁中加入硅、铝、铬等合金元素，使之在高温下形成一层致密的氧化膜：SiO_2、Al_2O_3、Cr_2O_3 等，使其内部不再继续氧化。

耐热铸铁按其成分可分为硅系、铝系、硅铝系及铬系等。其中铝系耐热铸铁脆性较大，铬系耐热铸铁价格高，我国多采用硅系和硅铝系耐热铸铁。

(三) 耐蚀铸铁

普通铸铁的耐蚀性是很差的，这是因为铸铁本身是一种多相合金，在电解质中各相具有不同的电极电位。提高铸铁耐蚀性的主要途径是合金化。

（1）加入硅、铝、铬等合金元素，能在铸铁表面形成一层连续致密的保护膜，可有效地提高铸铁的抗蚀性。

（2）加入铬、硅、钼、铜、镍、磷等合金元素，可提高铁素体的电极电位，以提高抗蚀性。

（3）通过合金化，还可获得单相金属基体组织，减少铸铁中的微电池，从而提高其抗蚀性。

第三节 常见有色金属及合金

除铁和钢以外的金属及其合金常被称作有色金属。

有色金属有许多优良的性能：密度小、比强度大、比模量高、耐热、耐腐蚀以及良好的导电性和导热性，是现代航天、航空、原子能、计算机、电子、汽车、船舶、石油化工等工业必不可少的材料。下面介绍几类常见的有色金属及合金。

一、铝及铝合金

铝及铝合金的产量在金属材料中仅次于钢铁材料，居于第 2 位。

(一) 纯铝

铝是地壳中蕴藏量最多的金属元素，其总储量约占地壳重量的 7.45%。

1. 纯铝的性能及特点

（1）密度小：纯铝的密度约为 2.7g/cm^3，是铁的 1/3 左右，是一种轻型金属。

（2）导电性和导热性好：纯铝的导电、导热性能仅次于银、铜和金，居于第 4 位，比铁高出近 3 倍。

（3）耐腐蚀性强：纯铝在大气中易形成一层致密的氧化铝保护膜，阻止进一步氧化，具有良好的耐大气腐蚀能力。

（4）可塑性和韧性好：纯铝的塑性高，易于通过压力加工制成各种型材，同时在低温下也保持良好的塑性和韧性。

（5）无磁性：纯铝对磁场无反应，不产生磁性，适用于一些特殊要求的场合。

（6）反射性强：纯铝的抛光表面对白光具有很高的反射率，适用于需要高反射性的应用。

（7）易于加工：纯铝易于铸造、切削和加工成各种形状和规格的半成品。

2. 纯铝的牌号

按照国际牌号命名规则，纯铝牌号用 1XXX 四位数字表示。

1XXX 系列为纯度 99% 以上的纯铝系列。1XXX 系列根据最后两位阿拉伯数字来确定这个系列的最低含铝量，例如，1050 最后两位阿拉伯数字为 50，根据国际牌号命名原则，含铝量必须达到 99.5% 以上方为合格产品。

3. 纯铝的用途

1XXX 系列的铝材都相对较软，主要用来做装饰件或内饰件。工业上可用来配制铝合金。

手机上常用的有 1050、1070、1080、1085、1100，做简单挤压成型（不做折弯），其中 1050 和 1100 可以做化学打沙、光面、雾面、法线效果，有较明显的材料纹路，着色效果好。

1080 和 1085 镜面铝常用来做亮字、雾面效果，无明显材料纹路。

（二）铝合金

1. 铝的合金化

纯铝强度低，工业上大量使用的是铝合金。制备铝合金常添加的合金元素有：

铜（Cu）：固溶强化和沉淀强化。

镁（Mg）：固溶强化，抗腐蚀。加入量大能引起沉淀强化。

硅（Si）：过剩相强化。

锰（Mn）：抗腐蚀。

锌（Zn）：固溶强化，抗腐蚀。

锂（Li）：降低合金元素密度，提高弹性模量。

微量合金元素：钛（Ti）、锆（Zr）、铬（Cr）、钒（V）→组织细化强化。

2. 铝合金分类

依据合金成分及生产工艺，铝合金分为形变铝合金和铸造铝合金两大类，如图4-6所示。

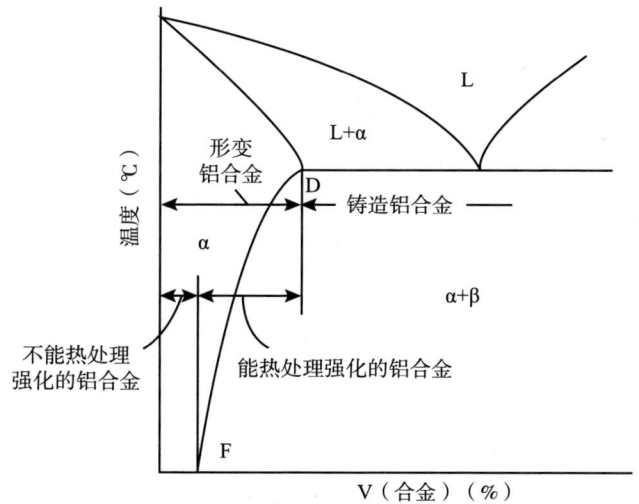

图4-6　铝合金二元相图

资料来源：姜巍，陈庆樟. 工程材料及成型技术基础［M］. 西安：西安交通大学出版社，2020：125.

(1) 两类合金的工艺特点。

形变铝合金：铝合金铸锭经热变形或冷变形加工后再使用，有良好的成形性能。

铸造铝合金：直接浇铸成形，有良好的铸造性能。

依据铝合金二元相图，D 是两类合金的分界点。

溶质成分低于 D 点的合金，加热至固溶线以上可以得到均匀的单相固溶体，塑性好→形变铝合金。

溶质成分位于 D 点右侧的合金，有共晶组织→适于作铸造铝合金。

(2) 形变铝合金分类。

不可热处理强化的形变铝合金：溶质成分位于 F 点以左的合金，其固溶体成分不随温度而变化，不能借助于时效处理强化。

可热处理强化的形变铝合金：溶质成分位于 F、D 点之间的合金，其固溶体成分随温度发生变化，可进行时效沉淀强化处理。

3. 铝合金的牌号

按照国际牌号命名规则，铝合金牌号用四位字符表示，第一、第三、第四位为阿拉伯数字，第二位为数字或英文大写字母（C、I、L、N、O、P、Q、Z 字母除外）。牌号的第一位数字表示铝合金的组别。除改型合金外，铝合金组别按主要合金元素（6XXX 系按 Mg_2Si）来确定。牌号的第二位数字或字母表示原始纯铝或铝合金的改型情况，最后两位数字用以标识同一组中不同的铝合金。

2XXX 表示 Al–Cu 合金系列，如 2014。

3XXX 表示 Al–Mn 合金系列，如 3003、3A21。

4XXX 表示 Al–Si 合金系列，如 4A01、4032。

5XXX 表示 Al–Mg 合金系列，如 5052。

6XXX 表示 Al–Mg–Si 合金系列，如 6061、6063。

7XXX 表示 Al–Zn 合金系列，如 7001。

8XXX 表示除上述以外的合金体系。

4. 铝合金的热处理

铝合金在使用前一般需经热处理，主要工艺方法有退火、固溶处理和时效处理。

（1）铝合金的退火。

①目的。

消除内应力：退火处理可以消除铝合金在加工过程中产生的内应力，防止材料变形和开裂。

改善组织：通过退火，铝合金的晶体组织得到优化，晶粒变得更加均匀，从而提高材料的塑性和韧性。

提高加工性能：退火后的铝合金更易于进行后续的加工和成形，提高加工效率和产品质量。

②工艺。

加热：将铝合金加热到一定的温度，通常高于再结晶温度，以促进原子的扩散和组织的转变。

保温：在加热温度下保持一定的时间，使铝合金的组织充分转变，达到预期的退火效果。

冷却：将加热并保温后的铝合金以适当的速率冷却，以保留退火后的组织性能。冷却速率的选择应根据具体的铝合金种类和应用要求来确定。

（2）固溶处理。

①应用范围：可热处理强化的铝合金、铸造铝合金。

②固溶处理：把工件加热到较高的温度，保温一段时间，使合金内的可溶相充分溶解后，急速淬入水中，获得过饱和固溶体的工艺。

③组织性能特点：是一种不稳定组织，溶质原子随时有析出的可能。材料塑性较高，可进行冷加工或矫直工序。

（3）时效处理。

①时效处理的定义：固溶处理后的铝合金，在室温或较高温度下保持一段时间，不稳定的过饱和固溶体会分解析出第二相粒子，产生强化作用。

②时效处理分类：分自然时效和人工时效两大类。

A. 自然时效：将工件在室温下长时间放置，使其内部应力随时间逐渐释放。这种方法简单易行，但周期较长，效果相对有限。

B. 人工时效：通过加热工件至一定温度并保持一段时间，然后缓慢冷却，以有效消除或减少内应力。人工时效包括热时效和振动时效两种方法。

热时效：将工件加热至约500℃~600℃（或550℃），保温48小时，然后严格控制降温速度至较低温度出炉。这种方法周期较短，构件尺寸稳定性较好。

振动时效：通过机械振动的方式，激起工件共振，以消除或均化残余应力。这种方法无需加热，处理时间相对较短，特别适用于大型或形状复杂的工件。

③温度对时效的影响。

A. 时效温度越高，强度峰值越低，强化效果越小；

B. 时效温度越高，时效速度越快，强度峰值出现所需时间越短；

C. 低温使固溶处理获得的过饱和固溶体保持相对的稳定性，抑制时效的进行。

（4）回归处理。

为提高合金塑性，便于冷弯成形或矫正形位公差，将已淬火时效的产品，重新在高温下加热较短的时间，合金将会重新变软恢复到淬火状态，该工艺过程称为回归处理。

5. 铝合金的应用

（1）形变铝合金。

形变铝合金分为防锈铝合金、硬铝合金、超硬铝合金和锻铝合金四大类。除防锈铝合金外，形变铝合金中硬铝合金、超硬铝合金和锻铝合金均可进行时效强化热处理。

①防锈铝合金。

A. 成分范围：Al-Mn系、Al-Mg系合金。

B. 性能特点：塑性加工性、焊接性好，强度低，不能热处理强化，但可加工硬化。

C. 用途：制造需要弯曲或拉深的高耐蚀性容器及受力小、有耐蚀要求的制品或构件。

D. 典型牌号：5A05、5A12、3A21，防锈铝合金的牌号及化学成分如表4-7所示。

表 4-7　　　　　　　防锈铝合金的牌号及化学成分

牌号	代号	化学成分（质量分数）（%）							
		Mn	Mg	Fe	Si	Cu	Zn	Ti	Al
3A21	LF21	1.0~1.6	0.05	0.70	0.60	0.20	0.10	—	余量
5A02	LF2	0.15~0.4	2.0~2.8	0.40	0.40	0.10	—	—	余量
5A03	LF3	0.3~0.6	3.2~3.8	0.50	0.50~0.80	0.05	—	—	余量
5A05	LF5	0.3~0.6	4.0~5.5	0.50	0.50	0.05	—	—	余量
5A06	LF6	0.5~0.8	5.8~6.8	0.40	0.0001~0.05Be	0.10	—	0.02~0.1	余量
5B05	LF10	0.2~0.6	4.7~5.7	0.40	0.40	0.20	—	—	余量
5A12	LF12	0.4~0.8	8.3~9.6		Sb≥0.004	—	—	—	余量

② 硬铝合金。

A. 成分范围：Al-Cu-Mg 系合金。

B. 性能特点：与防锈铝合金相比，强度显著提高，但耐蚀性差，尤其不耐海水腐蚀。

C. 用途：用于制造冲压件、模锻件和铆接件，如螺旋桨、梁、铆钉等。

D. 典型牌号：2A01、2A11、2A12，硬铝合金的牌号及化学成分如表 4-8 所示。

表 4-8　　　　　　　硬铝合金的牌号及化学成分

牌号	合金代号	化学成分（质量分数）（%）					
		Cu	Mg	Mn	Cr	Ti	Al
2A01	LY1	2.2~3.0	0.2~0.5	—	—	—	余量
2A02	LY2	2.6~3.2	2.0~2.4	0.45~0.7	—	—	余量
2A06	LY6	3.8~4.3	1.7~2.3	0.5~1.0	0.001~0.005Be	0.03~0.15	余量
2A10	LY10	3.9~4.5	0.15~0.3	0.3~0.5	—	—	余量
2A11	LY11	3.8~4.8	0.4~0.8	0.4~0.8	—	—	余量
2A12	LY12	3.8~4.9	1.2~1.8	0.3~0.9	—	—	余量

③超硬铝合金。

A. 成分范围：Al – Zn – Mg – Cu 系合金，并含有少量 Cr 和 Mn。

B. 性能特点：时效强化效果超过硬铝合金，是目前强度最高的一类铝合金。热塑性、焊接性好，但耐热性、耐蚀性差。

C. 用途：主要用于工作温度较低、受力较大的结构件，如飞机大梁、起落架等。

D. 典型牌号：7A04、7A06 等，超硬铝合金的牌号及化学成分如表 4 – 9 所示。

表 4 – 9　　　　　　　　　超硬铝合金的牌号及化学成分

牌号	代号	化学成分（质量分数）（%）								
		Zn	Mg	Cu	Cr	Mn	Ti	Fe	Si	Zn/Mg
7A03	LC3	6.0 ~ 6.7	1.2 ~ 1.6	1.8 ~ 2.4	—	—	0.02 ~ 0.08	≤0.2	≤0.2	4.52
7A04	LC4	5.0 ~ 7.0	1.8 ~ 2.8	1.4 ~ 2.0	0.1 ~ 0.25	0.2 ~ 0.6	—	≤0.5	≤0.5	2.61
7A05	LC5	7.0 ~ 8.0	1.2 ~ 2.0	0.3 ~ 1.0	—	0.3 ~ 0.8	—	≤0.6	≤0.4	4.68
7A06	LC6	7.6 ~ 8.6	2.5 ~ 3.2	2.2 ~ 2.8	0.1 ~ 0.25	0.2 ~ 0.5	—	≤0.5	≤0.5	2.82

④锻铝合金。

A. 成分范围：Al – Mg – Si – Cu 系普通锻铝合金、Al – Cu – Mg – Ni – Fe 系耐热锻铝合金。

B. 性能特点：良好的热塑性和可锻性。

C. 用途：用于制作形状复杂或承受重载的各类锻件和模锻件。如喷气发动机压气机叶轮、导风轮。

D. 典型牌号：2A70、2A80、2A90、2A14 等，锻铝合金的牌号及化学成分如表 4 – 10 所示。

表4-10　　　　　　　　　锻铝合金的牌号及化学成分

牌号	代号	化学成分（质量分数）（%）								
		Mg	Si	Cu	Mn	Cr	Ti	Fe	Zn	Ni
2A01	LD2	0.4~0.9	0.5~1.2	0.2~0.6	0.15~0.35	—	—	0.5	0.2	—
2A50	LD5	0.4~0.8	0.7~1.2	1.8~2.6	0.4~0.8	—	—	0.7	0.3	—
2B50	LD6	0.4~0.8	0.7~1.2	1.8~2.6	0.4~0.8	0.01~0.2	0.02~0.1	0.7	0.3	—
2A14	LD10	0.4~0.8	0.6~1.2	3.9~4.8	0.4~1.0	—	—	0.7	0.3	—
2A70	LD7	1.4~1.8	0.25	1.9~2.5	—	—	0.02~0.1	1.0~1.5	—	1.0~1.5
2A80	LD8	1.4~1.8	0.5~1.2	1.9~2.5	—	—	—	1.1~1.6	—	1.0~1.5
2A90	LD9	0.4~0.8	0.5~1.2	3.5~4.5	—	—	—	0.5~1.0	—	1.8~2.3

（2）铸造铝合金。

铸造铝合金分为Al-Si系、Al-Cu系、Al-Mg系和Al-Zn系四类。

铸造铝合金的牌号用"ZL"和三位数字表示。第一位数字表示合金类别，第二、第三位数字表示合金顺序号。

①Al-Si系铸铝合金（ZL1XX）。

性能特点及应用：铸造铝硅合金又称铸造硅铝明，在四类铸造铝合金中铸造性能最好，具有中等强度和良好耐蚀性、耐热性和焊接性。用于制造形状复杂但强度要求不高的铸件，如飞机、仪表壳体等；制造低、中强度的形状复杂的铸件，如电机壳体、气缸体、风机叶片、发动机活塞等。

典型牌号：ZL101、ZL102、ZL104、ZL105。

②Al-Cu系铸铝合金（ZL2XX）。

性能特点及应用：有较高的强度、耐热性，但密度大、耐蚀性差，铸造性能不好,主要用于制造较高温度下工作的要求高强度的零件,如气缸头等。

典型牌号:ZL201、ZL202、ZL203。

③Al－Mg系铸铝合金(ZL3XX)。

性能特点及应用:耐蚀性好,强度高,密度小,但铸造性能差,耐热性低。铸造性能不及Al－Si合金好,而且铸造工艺较复杂,多用于制作承受冲击载荷、耐海水腐蚀、外形不太复杂便于铸造的零件,如舰船和动力机械零件等。

典型牌号:ZL301、ZL302。

④Al－Zn系铸铝合金(ZL4XX)。

性能特点及应用:铸造性能好,强度较高,但密度大,耐蚀性较差,热裂倾向大,需变质处理或压力铸造,常用于制作汽车、拖拉机的发动机零件;大型空压机活塞;制造受力较小、形状复杂的汽车、飞机、仪器零件。

典型牌号:ZL401,由于它的成分类似于加入了大量Zn的Al－Si系合金,故有"含Zn硅铝明"之称。

二、纯铜及其合金

(一)纯铜

1. 纯铜性能及应用

(1)性能。

物理性质:纯铜呈紫红色,具有良好的延展性,易于加工成各种形状。其密度为8.92g/cm^3,熔点高达$1083 ℃$,沸点为$2567 ℃$,表现出优异的热稳定性。

导电性和导热性:纯铜的导电性和导热性极佳,仅次于银,是电气、电子工业中不可或缺的导电、导热材料。

耐腐蚀性:在大气及淡水环境中,纯铜具有良好的抗蚀性能。然而,在含有二氧化碳的潮湿空气中,其表面会产生绿色铜膜,即铜绿。

机械性能：纯铜强度相对较低，但冷加工变形可提高其强度，同时塑性会显著降低，因此不适合制作受力的结构件。

加工性：纯铜塑性极好，易于冷、热压力加工，可制成管、棒、线、条、带、板、箔等多种铜材。

（2）应用。

由于纯铜的优异性能，它被广泛用于制造电线、电缆、电刷、磁学仪器、仪表、热交换器、管道等，同时也是电机短路环、电磁加热感应器和大功率电子元件的重要材料。

2. 纯铜的牌号

工业纯铜按所含杂质的多少分为四级，牌号方法为以"T"（铜的汉语拼音字头）为首，其后再附以级别数字，数字越小，则纯度越高。表4-11为纯铜的牌号、化学成分和用途。

表4-11　　　　　　　　纯铜的牌号、化学成分和用途

牌号	含铜量 W_{cu}（%）	杂质（质量分数）（%）		杂质总量（质量分数）（%）	主要用途
		Bi	Pb		
T1	99.95	0.002	0.005	0.05	电线、电缆、雷管、贮藏器等
T2	99.90	0.002	0.005	0.10	
T3	99.70	0.002	0.010	0.30	电器开关、垫片、铆钉、油罐等
T4	99.50	0.002	0.050	0.50	

（二）铜合金

铜合金分为黄铜（铜锌合金）、青铜（除黄铜和白铜之外的铜合金）、白铜（铜镍合金）三种。

1. 黄铜

黄铜为铜锌合金或以锌为主加合金元素的铜合金。

（1）分类。

按化学成分分为：普通黄铜和特殊黄铜。

按生产方法分为：压力加工黄铜和铸造黄铜。

（2）普通黄铜。

普通黄铜为由铜和锌组成的合金。

①普通黄铜的牌号、化学成分及用途：普通黄铜的牌号用"H+数字"表示，H表示黄铜，数字表示铜的质量分数。黄铜的牌号、化学成分及用途如表4-12所示。

表4-12　　　　　　　　黄铜的牌号、化学成分及用途

牌号	主要成分（质量分数）（%）		用途
	Cu	Zn	
H96	95~97	余量	适于制造奖牌、美术工艺品、热交换器及冷凝管等
H90	88~91	余量	
H80	79~81	余量	
H68	67~70	余量	适于制造弹壳、电器零件、散热器等
H62	60.5~63.5	余量	用于汽车、造船、热工、化工等，适用于做焊条等
H59	57~60	余量	

②普通黄铜的性能特点。

强度和延伸率与其中的含锌量有密切关系，如图4-7所示。

当含锌量小于35%时，锌能溶于铜内形成单相α，称单相黄铜，塑性好，适于冷热压力加工。

当含锌量在36%~46%之间时，有α单相，还有以铜锌为基的β固溶体，称双相黄铜，β相使合金塑性减小而抗拉强度上升，只适于热压力加工。

（3）特殊黄铜。

①定义：在Cu-Zn合金基础上加入其他合金元素所组成的多元合金。常加入的合金元素有铅、锡、铝等，相应地可称为铅黄铜、锡黄铜、铝黄铜。加合金元素的目的主要是提高抗拉强度，改善工艺性。

②牌号："H+主加元素符号（除锌外）+铜的质量分数+主加元素质量分数+其他元素质量分数"表示。例如，HPb59-1表示铜的质量分数为59%，主加元素铅的质量分数为1%，余量为锌的铅黄铜。

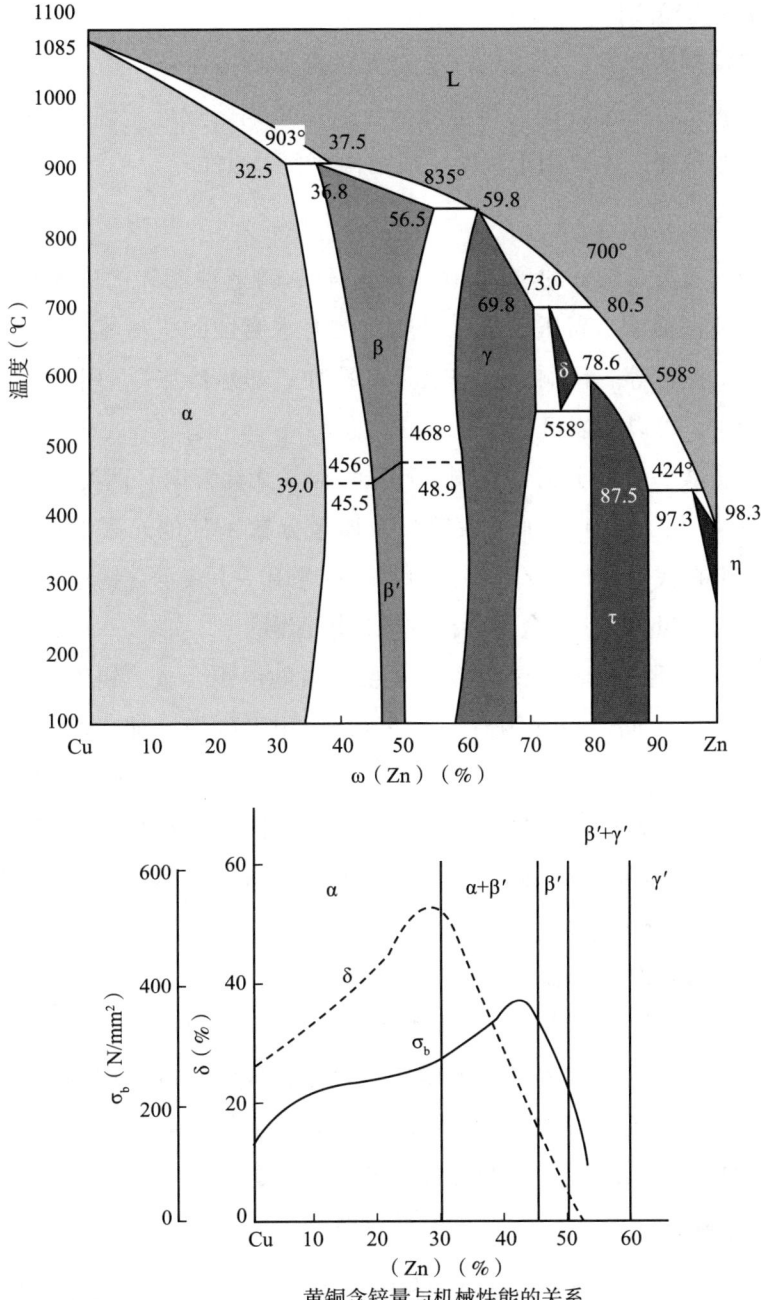

图 4-7 Cu-Zn 相图与含锌量对黄铜性能的影响

资料来源：郑明新. 金属材料学 [M]. 北京：清华大学出版社，1996：127-130.

（4）铸造黄铜。

铸造黄铜的牌号："Z + Cu + 合金元素符号及其百分含量"，如 ZCuZn38 为 $W_{zn}=38\%$，余量为铜的铸造合金。铸造黄铜熔点低于纯铜，铸造性能好，且组织致密，主要用于制作一般结构件和耐蚀件。

2. 青铜

青铜一般具有较好的耐腐蚀性、耐磨性、铸造性能和优良的机械性能。用于制造精密轴承、高压轴承、船舶上抗海水腐蚀的机械零件以及各种板材、管材、棒材等。青铜还有一反常的特性"热缩冷胀"，用来铸造塑像，冷却后膨胀，可以使眉目更清楚。

（1）分类：青铜分为锡青铜和特殊青铜（无锡青铜）两类。

（2）牌号："Q + 主加元素符号及质量分数 + 其他元素的质量分数"。铸造产品则在代号前加"Z"字。例如，ZQSn10 - 1 表示含锡量为 10%，其他合金元素含量为 1%，余量为铜的铸造锡青铜。

（3）锡青铜：锡青铜是以锡为主要元素的铜锡合金。锡青铜含锡量大多在 3% ~ 4% 之间。当含锡量小于 5%，适用于冷变形加工；当含锡量为 5% ~ 7% 时，适用于热变形加工；当含锡量大于 10% 时，适用于铸造。

锡青铜有良好的减摩性、抗磁性及低温韧性。适宜制造仪表上要求耐蚀及耐磨件、弹性件、抗磁件及机器中滑动轴承、轴套等。典型牌号：QSn4 - 3。

铸造锡青铜的结晶温度范围较宽，适宜铸造形状复杂但致密度要求不高的铸件，如滑动轴承、齿轮等。典型牌号：ZQSn10 - 1。

（4）无锡青铜：加入其他元素以取代锡，成为无锡青铜，多数无锡青铜都比锡青铜具有更高的力学性能、耐磨性与耐蚀性，常用的有铝青铜（QAL7、QAL5）、铅青铜（ZQPb30）等。

3. 白铜

白铜为铜与镍的合金，其色泽和银一样，银光闪闪，不易生锈。常用于制造电器、仪表和装饰品。

（1）牌号：用"B + Ni 的平均质量分数"表示。

(2) 白铜的性能：具有高强度、耐腐蚀、良好导电导热性和加工性能，且色泽美观。

三、滑动轴承合金

滑动轴承合金是指制造滑动轴承（轴瓦和轴承衬）的专用合金。

（一）滑动轴承的特点

滑动轴承与滚动轴承相比，滑动轴承承压面积大，工作平稳，噪声小，制造、维修、拆装方便。

（二）滑动轴承合金应具备的性能

足够的强度和韧性：以承受载荷和抵抗冲击、振动，确保在复杂工况下的稳定运行。

良好的耐磨性：通过降低磨损，延长轴承的使用寿命，减少维护成本。

较低的摩擦系数：以减少能量损失，提高机械效率，同时保持轴承的良好润滑状态。

良好的导热性和耐腐蚀性：确保轴承在高温和腐蚀性环境下仍能正常工作，防止材料软化、熔化或腐蚀。

适当的硬度：以平衡耐磨性和轴的磨损量，避免硬度过高导致轴磨损加剧。

良好的工艺性能：便于加工成所需形状，提高生产效率。

（三）滑动轴承的理想组织

（1）软基体上均匀分布硬质点。

（2）硬基体上均匀分布软质点。

软基体（或软质点）被磨损而凹陷，硬的质点（或硬基体）耐磨相对凸起。凹陷部分可保存润滑油，凸起部分可支持轴的压力，并使轴与轴瓦的接触面积减小，保证了近乎理想的摩擦条件和极低的摩擦系数。

(四)滑动轴承合金的牌号及分类

1. 滑动轴承合金的牌号

"Z+基体元素符号+主加元素符号+主加元素的质量分数+辅加元素符号+辅加元素的质量分数","Z"是"铸"的汉语拼音字首。如 ZSnSb11Cu6 表示主加元素锑的质量分数为11%、辅加元素铜的质量分数为6%、其余为锡的锡基轴承合金。

2. 滑动轴承合金的分类

常用滑动轴承合金有锡基、铅基、铜基和铝基等轴承合金。

(1)锡基轴承合金。

锡基轴承合金又称锡巴比特,是一种重要的轴承材料。它主要由锡、锑和铜等元素组成,具有高强度、耐磨损、耐高温和优良的导热性能。这种合金的线膨胀系数较小,工艺性能和耐蚀性也较好,被广泛应用于汽车、拖拉机、汽轮机等机械的高速轴承上。随着国内制造业的发展,锡基轴承合金的产量持续增长,为工业制造提供了有力支持。

(2)铅基轴承合金。

铅基轴承合金又称铅基巴氏合金,是一种由铅、锑、锡、铜等元素组成的合金。其硬度适中,磨合性好,但韧性较低,摩擦系数稍大。主要用于制造低速、低负荷或静载下的轴承,以及电缆、蓄电池等。为提高强度和耐磨性,常加入锡和铜等元素。铅基轴承合金具有良好的耐磨性、自润滑特性和抗腐蚀性能,广泛应用于工程机械、汽车、船舶等领域。其加工工艺简单,可通过铸造、压铸或焊接等方式制成各种形状和尺寸的零部件。

(3)铜基轴承合金。

铜基轴承合金是一种高性能的轴承材料,主要由铜、锡、铅等元素组成。其特点包括高强度、耐磨性好、耐蚀性强以及抗疲劳性能优异。

铜基轴承合金适用于制造在高负荷、高速度和高温度下运转的轴承,如高速柴油机、汽轮机等重型机械。此外,铜基轴承合金还具有良好的导热性和低的摩擦系数,有助于提升机械效率和延长轴承使用寿命。不同牌号的铜基轴承合金可分别适用于中载、中速或高速工况下的汽车、机床等使用的轴承。

（4）铝基轴承合金。

铝基轴承合金是一种高性能的轴承材料，由铝、铜、镁、锌等元素组成，具有优异的耐磨性、耐腐蚀性和高温性能。其特点包括硬度高、热膨胀系数小、导热性能好、加工性能好等，适用于高速、高温、高负荷等恶劣工况。

铝基轴承合金在汽车、航空、航天等领域有广泛应用，如发动机、变速器、转向器等部件，能显著提高机械零部件的性能和可靠性。其制备方法多样，包括熔铸法、粉末冶金法等，其中熔铸法最为常用。

习　　题

一、填空题

1. 工业用钢按化学成分可分为：_____和_____。
2. 合金钢按合金元素总含量可分为_____、_____和_____。
3. 在碳素钢中，低碳钢的含碳量一般小于_____，中碳钢的含碳量在_____之间，而高碳钢的含碳量则大于_____。
4. 工业用钢中，45 号钢是一种常用的优质碳素结构钢，具有良好的_____性能，常用于制造机械零件，如轴、齿轮等。
5. 铸铁主要由_____、_____和硅组成，并可能含有其他合金元素。
6. 根据化学成分的不同，铸铁可分为_____和_____两大类。
7. 灰铸铁是铸铁中最常见的一种，其断口呈_____色，具有良好的_____性和切削加工性。
8. 球墨铸铁通过在铁液中加入球化剂和墨化剂，使石墨以球状形式存在，从而显著提高了铸铁的_____、韧性和_____性，可以"以铁代钢"。

9. 有色金属通常具有良好的_____性和_____性，这使得它们在电器设备、电气传动、工业制冷和加热设备等领域中得到广泛应用。

10. 铝因其优异的_____性和_____性，常被用于制造电器和飞机等产品；而镁则因其_____特性，被广泛用于制造航空航天器和汽车零部件。

二、判断题

1. 所有合金钢都比碳素钢具有更好的耐腐蚀性能。（   ）
2. 工业用钢的生产工艺中，淬火是提高钢材硬度的唯一方法。（   ）
3. 工业用钢在建筑、交通、能源等领域都有广泛应用。（   ）
4. 所有铸铁都具有良好的铸造性能和切削加工性能。（   ）
5. 铸铁的强度和韧性均高于钢。（   ）
6. 球墨铸铁是铸铁中最具韧性和强度的一种。（   ）
7. 蠕墨铸铁和球墨铸铁在显微组织上完全相同。（   ）
8. 有色金属是指除了铁、锰、铬以外的所有金属。（   ）
9. 有色金属的耐腐蚀性普遍较差，不适合在腐蚀性环境中使用。（   ）
10. 有色金属的开采和利用对环境无污染。（   ）

三、思考题

1. 简述工业用钢的主要分类及其特点。
2. 工业用钢在哪些行业中有着广泛的应用？请举例说明。
3. 铸铁可分为哪几类？每类的主要特点是什么？
4. 简述铸铁的基本定义及其主要特点。
5. 简述有色金属的定义及分类。
6. 简述有色金属在现代工业中的应用及发展前景。

第五章

非金属材料

进入21世纪，现代科学技术突飞猛进，材料、能源、信息技术日新月异，不但要求生产更多具有高强度和特殊性能的金属材料，对高性能非金属材料的要求也愈加迫切。工程材料按其化学成分进行分类可分为四大类：金属材料、无机非金属材料、高分子材料、复合材料。其中高分子材料、陶瓷材料、复合材料均属于非金属材料。

第一节 高分子材料

一、概述

高分子材料是由相对分子质量较高的化合物构成的一大类材料，一般由数百或数千个重复单元组成。根据其性质和应用，高分子材料可以分为塑料、橡胶、纤维、涂料、黏合剂等。

（一）高分子材料的特性

质轻：高分子材料的密度通常较低，比金属和陶瓷材料轻得多。
可塑性：许多高分子材料在一定温度和压力下可以成形，易于加工。
耐腐蚀性：高分子材料对酸、碱和盐等化学物质具有良好的耐腐蚀性。
绝缘性：大多数高分子材料是电的不良导体，具有良好的绝缘性能。
弹性和韧性：许多高分子材料具有良好的弹性和韧性，能够在较大的变形下不发生断裂。

(二) 高分子化合物的合成

按照化学反应的类型,高分子化合物的合成方法可以分为加聚反应和缩聚反应。

1. 加聚反应

加聚反应是指一些含有不饱和键(双键、叁键、共轭双键)的化合物(或环状低分子化合物)在催化剂、引发剂或辐射等外加条件作用下,同种单体间相互加成形成新的共价键相连的大分子的反应。如:

$$nCH_2 = CH_2 \xrightarrow{引发剂} [CH_2 - CH_2]n$$

根据参加反应的单体的类型,可以将加聚反应分为均聚和共聚两种。

(1) 均聚:指的是同种单体分子间的加聚反应,反应产物称为均聚物。

(2) 共聚:指的是两种或多种单体分子间的加聚反应,反应产物称为共聚物。

2. 缩聚反应

缩聚反应是具有两个或多个官能团(如 -OH-、-NH$_2$-、-COOH-等)的单体在相互反应后生成高分子化合物,同时产生有简单分子(如 H_2O、HCl、NH_3 等)的化学反应。

$$CH_3COOH + CH_3CH_2OH \xrightarrow{引发剂} CH_3COOCH_2CH_3$$

加聚反应和缩聚反应的特点如表 5-1 所示。

表 5-1　　　　　　　　加聚反应和缩聚反应的特点

类别	加聚反应	缩聚反应
单体和反应特点	(1) 含双键(或环状化合物)单体打开双键(环)直接反应。 (2) 反应瞬间完成且无中间产物生成。 (3) 一般不可逆	(1) 活泼官能团相互作用形成新的共价键。 (2) 反应分阶段进行且有中间产物生成。 (3) 一般可逆
链节特点	与单体的化学组成相同	与单体的化学组成相同,是新的链节结构
聚合产物	(1) 分子量范围大。 (2) 用于胶黏剂的树脂。 (3) 用于塑料的成膜物质	(1) 分子量范围小。 (2) 用于胶黏剂的树脂。 (3) 用于塑料的成膜物质

(三) 高分子材料的分类

根据不同的分类标准, 高分子材料可以分为多种类型。以下是几种常见的分类方法。

1. 按照化学结构分类

(1) 碳链高分子: 主链由碳原子构成, 如聚乙烯 (PE)、聚丙烯 (PP)。

(2) 杂链高分子: 主链由碳和其他元素 (如氧、氮、硫等) 构成, 如尼龙 (PA)、聚酯 (PET)。

(3) 元素有机高分子: 主链由除碳以外的其他元素构成, 如硅橡胶 (PDMS)、环氧树脂。

2. 按照物理性质分类

(1) 热塑性高分子: 在加热时可以软化和流动, 冷却后硬化, 如聚乙烯 (PE)、聚氯乙烯 (PVC)。

(2) 热固性高分子: 在加热时固化, 一旦固化后不再受热软化, 如酚醛树脂 (PF)、环氧树脂。

3. 按照用途分类

(1) 塑料: 主要用于成形制品, 如聚乙烯 (PE)、聚丙烯 (PP)。

(2) 橡胶: 具有高弹性, 如天然橡胶 (NR)、丁苯橡胶 (SBR)。

(3) 纤维: 用于纺织和制造绳索等, 如尼龙 (PA)、聚酯 (PET)。

(4) 涂料: 用于涂覆和保护表面, 如丙烯酸涂料、环氧涂料。

(5) 黏合剂: 用于黏接材料, 如聚醋酸乙烯酯 (PVA)、环氧树脂。

4. 按照合成方法分类

(1) 加聚高分子: 通过加成聚合反应合成, 如聚乙烯 (PE)、聚苯乙烯 (PS)。

(2) 缩聚高分子: 通过缩合聚合反应合成, 如尼龙 (PA)、聚酯 (PET)。

(四) 高分子材料的命名

高分子材料的命名通常基于其化学结构、单体来源、聚合方法或用途,高分子材料命名的几种常见方式如表 5-2 所示。

表 5-2　　　　　　　　　　高分子材料的命名方式

命名方式	规则	示例
基于单体	单体名称前加"聚"字	聚乙烯（PE）、聚丙烯（PP）
基于化学结构	描述高分子链的特征基团或结构	聚酯（PET）、聚酰胺（PA）
基于商品名	使用公司或品牌的命名方式	尼龙（PA）、特氟龙（PTFE）
基于用途或性能	强调材料的应用领域或特性	工程塑料、弹性体、纤维
基于聚合方法	描述聚合反应的类型或机制	缩聚物、加聚物
基于单体	单体名称前加"聚"字	聚乙烯（PE）、聚丙烯（PP）

（五）高分子材料的应用

高分子材料的应用非常广泛，主要包括以下几个方面。
（1）包装材料：如塑料瓶、塑料袋等。
（2）建筑材料：如塑料门窗、防水材料等。
（3）汽车工业：如轮胎、内饰材料等。
（4）电子电器：如电线电缆、电路板等。
（5）医疗卫生：如人造器官、药物缓释材料等。

二、常用高分子材料

工业上常用的高分子材料主要包括塑料、橡胶、合成纤维等。

（一）塑料

塑料是以合成树脂为基体，添加能够改善性能或降低成本的各种添加剂（填充剂、增塑剂、稳定剂、润滑剂、固化剂、发泡剂、着色剂、阻燃剂、防老化剂等），在一定温度和压力下能够保持其形状不变的材料或制品的总称。

1. 塑料的分类

塑料的分类方式主要有按树脂受热行为分类与按功能和用途分类。

（1）按树脂受热行为分类。

塑料可分为热塑性塑料和热固性塑料。

热塑性塑料受热时软化或熔融、冷却后硬化，可以反复多次进行。常用材料有：聚乙烯（PE）、聚丙烯（PP）、聚氯乙烯（PVC）、聚苯乙烯（PS）、聚碳酸酯（PC），热塑性塑料制品如图5-1所示。

（a）PS管　　　　　　　（b）PVC方向盘

图5-1　热塑性塑料制品

热固性塑料在加热、加压并经过一定时间后即固化，不可再生。常用材料有：环氧树脂（EP）、酚醛树脂（PF）、不饱和聚酯（UP），热固性塑料制品如图5-2所示。

图5-2　热固性塑料制品

热塑性塑料与热固性塑料在多个方面存在显著差异,两者的对比分析如表 5-3 所示。

表 5-3　　　　　　　　　热塑性塑料与热固性塑料对比

类别	热塑性塑料	热固性塑料
可溶性	有	无
可熔性	有	无
循环利用性	有	无
常见塑料	聚乙烯、聚丙烯、聚甲醛等	酚醛树脂、环氧树脂、氨基树脂等

(2) 按功能和用途分类。

塑料可分为通用塑料、工程塑料和特种塑料。

通用塑料是指产量大、价格低、用途广、影响面宽的塑料,广泛应用于日常生活和工业生产中。常用材料有:聚乙烯(PE)、聚丙烯(PP)、聚氯乙烯(PVC)等。PVC 材料如图 5-3 所示。

图 5-3　PVC 塑料

资料来源:姜巍,陈庆樟. 工程材料及成型技术基础 [M]. 西安:西安交通大学出版社,2020.

工程塑料是具有高性能、能代替金属用于制造机械零件和工程构件的塑料,常用于工程领域。常用材料有:聚酰胺(PA,尼龙)、聚碳酸酯(PC)、聚甲醛(POM)、共聚丙烯腈-丁二烯-苯乙烯(ABS)等。

特种塑料是具有特殊性能的塑料,如耐高温、耐腐蚀、导电性等,用于高科技领域。常用材料有:聚芳酯(PAR)、聚四氟乙烯(PTFE,特氟龙)、聚醚醚酮(PEEK)、聚酰亚胺(PI)等。

常用塑料的参数如表5-4所示。

表5-4 常用塑料参数

类别	名称	代号	密度(g·cm^{-3})	R_m(MPa)	使用温度(℃)
通用塑料	聚乙烯	PE	0.90~0.97	3.9~38	-70~100
	聚氯乙烯	PVC	1.16~1.58	10~50	-15~55
	聚苯乙烯	PS	1.04~1.10	50~80	-30~75
	聚丙烯	PP	0.90~0.92	40~49	-35~120
工程塑料	聚酰胺	PA	1.05~1.36	47~120	<100
	聚甲醛	POM	1.41~1.43	58~75	-40~100
	聚碳酸酯	PC	1.18~1.20	65~70	-100~130
	共聚丙烯腈-丁二烯-苯乙烯	ABS	1.05~1.08	21~63	-40~90
	聚四氟乙烯	PTFE	2.10~2.20	15~28	-180~260
特种塑料	聚芳酯	PAR	1.21~1.26	71.5~83.0	-70~180

2. 塑料的特点

(1)优点。

重量轻,密度低。

耐腐蚀性能好,适合在恶劣环境中使用。

加工性能优良,可通过注塑、挤出、吹塑等工艺成形。

绝缘性能好,适合电子和电气领域。

(2)缺点。

耐热性较差,高温下易软化或分解。

机械强度相对较低，易老化。

3. 塑料的用途

包装：塑料袋、塑料瓶、食品包装。

建筑：管道、门窗、隔热材料。

汽车：保险杠、内饰件、油箱。

电子：电路板、绝缘材料、外壳。

日用品：玩具、餐具、家具。

（二）橡胶

橡胶是以生胶为原料加入适量的配合剂组成的高分子化合物。

1. 橡胶的分类

橡胶按照其原料来源可分为天然橡胶和合成橡胶两类。天然橡胶是由橡胶树采集的胶乳经处理后制成。合成橡胶是人工将单体聚合而成的橡胶。合成橡胶主要有七大品种：丁苯橡胶、顺丁橡胶、氯丁橡胶、异戊橡胶、丁基橡胶、乙丙橡胶和丁腈橡胶。

2. 橡胶的特点

（1）优点。

高弹性，可承受较大变形；耐磨性、抗撕裂性能好；耐油、耐化学腐蚀（部分合成橡胶）。

（2）缺点。

耐热性和耐老化性能较差；机械强度较低。

3. 橡胶的用途

轮胎：汽车轮胎、自行车轮胎。

密封件：O 型圈、垫片、密封条。

减震材料：减震器、缓冲垫。

工业制品：输送带、胶管、胶辊。

橡胶在工业上应用相当广泛，橡胶制品如图 5-4 所示。

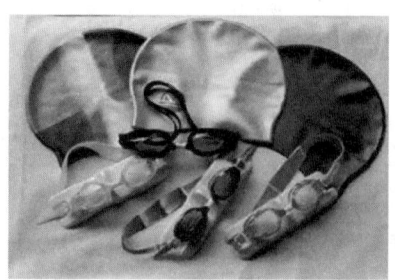

图 5-4 橡胶制品

（三）合成纤维

合成纤维是通过化学合成制得的高分子纤维材料，具有优异的力学性能和化学稳定性。

1. 合成纤维的分类

合成纤维品种多，其中发展最快的是聚酯纤维（涤纶）、聚酰胺纤维（锦纶）、聚丙烯腈纤维（腈纶）、聚乙烯醇纤维（维纶）、聚丙烯纤维（丙纶）、聚氯乙烯纤维（氯纶），统称六大纶，如图 5-5 所示。涤纶、锦纶和腈纶三个品种的产量占合成纤维的 90% 以上。

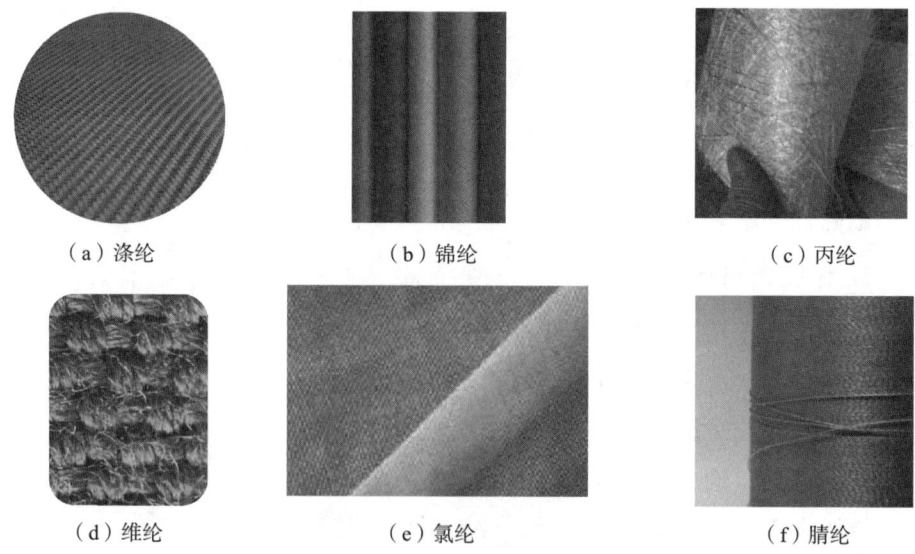

（a）涤纶　　（b）锦纶　　（c）丙纶
（d）维纶　　（e）氯纶　　（f）腈纶

图 5-5 合成纤维制品

（1）尼龙：尼龙在我国又称为锦纶，是杜邦公司开发的一种合成纤维，具有高强度、耐磨性和弹性。常用于制作衣物、绳索、轮胎帘子线、渔网等。

（2）涤纶：涤纶是一种由聚对苯二甲酸乙二酯（PET）制成的合成纤维。具有良好的抗皱性、尺寸稳定性和耐化学性。广泛用于衣物、家居纺织品等。

（3）丙纶：丙纶是由聚丙烯制成的合成纤维。具有优异的耐化学性和抗微生物性能，质轻且强度高。常用于地毯、绳索、过滤材料等。

（4）维纶：维纶是一种由聚乙烯醇缩甲醛制成的合成纤维。具有良好的耐磨性和弹性，耐化学品和耐气候性。常用于衣物、装饰布、工业用品等。

（5）氯纶：难燃、保暖、耐晒、耐磨，弹性也好，由于染色性差，热收缩性大，限制了它的应用。

（6）腈纶：腈纶是一种由聚丙烯腈制成的合成纤维。具有柔软、保暖和色彩鲜艳的特点，类似于羊毛。常用于毛衣、毯子、地毯等。

2. 合成纤维的特点

（1）优点。

强度高，耐磨性好；耐化学腐蚀，适合恶劣环境；易染色，可制成各种颜色和纹理。

（2）缺点。

吸湿性较差，舒适性不如天然纤维；耐热性有限，高温下易软化。

3. 合成纤维的用途

纺织：服装、家纺、工业用布。

工业：绳索、渔网、过滤材料。

建筑：增强材料、防水材料。

医疗：手术缝合线、医用敷料。

第二节 陶瓷材料

一、概述

陶瓷材料是人类最早利用的材料之一。传统的陶瓷材料是指以天然的岩石、矿物、黏土、石英、长石等硅酸盐类材料为原料制成的材料。当今的陶瓷材料是指以天然硅酸盐或人工合成的各种化合物为原料，经粉碎、配制、成形和高温烧制而成的无机非金属材料。

（一）陶瓷材料的分类

陶瓷材料通常可以根据其成分、结构、用途和制备工艺等进行分类。

1. 按成分分类

（1）氧化物陶瓷：主要由金属氧化物组成，如氧化铝（Al_2O_3）、氧化锆（ZrO_2）等。

（2）非氧化物陶瓷：主要由非金属元素或金属与非金属元素组成的化合物组成，如氮化硅（Si_3N_4）、碳化硅（SiC）等。

2. 按结构分类

（1）单晶陶瓷：由单一晶体构成，具有各向异性，如单晶氧化铝。

（2）多晶陶瓷：由许多小晶体（晶粒）构成，具有各向同性，如多晶氧化锆。

（3）玻璃陶瓷：由玻璃相和晶相组成，具有一定的透明度和机械强度，如微晶玻璃。

3. 按用途分类

（1）结构陶瓷：主要用于承受机械应力的应用，如轴承、刀具、耐磨零件等，如氧化锆增韧氧化铝（ZTA）。

（2）功能陶瓷：主要用于电气、光学、磁学等方面的应用，如压电陶瓷（如 PZT）、半导体陶瓷（如 NTC 热敏电阻）。

（3）生物陶瓷：用于生物医学领域，如人工关节、牙科材料等，如羟基磷灰石（HA）。

4. 按制备工艺分类

（1）传统陶瓷：采用传统的陶瓷工艺制造，如黏土基陶瓷等，如图 5-6 所示。

图 5-6 传统陶瓷

（2）先进陶瓷：采用现代高科技工艺制造，如化学气相沉积（CVD）、溶胶—凝胶法（Sol-Gel）等，如氮化硅陶瓷。

（二）陶瓷材料的组织结构

陶瓷材料是多晶体材料，同时也是多相材料，一般由晶相、玻璃相和气相组成。

1. 晶相

晶相是陶瓷材料的主要组成相。主要分为氧化物结构和硅酸盐结构。其中氧化物结构主要由离子键构成。大部分氧化物的晶体结构为简单立方、面心立方和密排六方。而硅酸盐结构的特征是硅氧四面体，如图 5-7 所示。硅氧四面体之间的连接方式不同可以形成不同的硅酸盐结构，包括岛状、链状、层状和骨架状等。

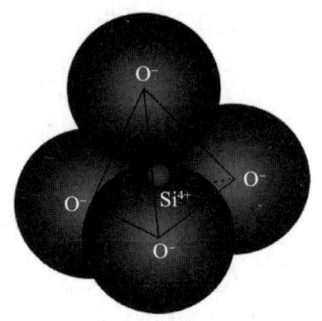

图 5-7 硅氧四面体

资料来源：姜巍，陈庆樟. 工程材料及成型技术基础 [M]. 西安：西安交通大学出版社，2020.

2. 玻璃相

玻璃相是陶瓷烧结过程中获得的非晶态固相。玻璃相在陶瓷中的主要作用是：黏结分散的晶相、降低烧结温度、抑制晶粒长大等。玻璃相熔点低、热稳定性差，会影响陶瓷的强度、耐热性和绝缘性。

3. 气相

气相是陶瓷孔隙中的气体，即气孔。气相一方面能减小密度、提高减振性，但同时会降低强度、绝缘性。普通陶瓷气孔率为 5%~10%，特种陶瓷和功能陶瓷的气孔率为 5% 以下。

（三）陶瓷材料的性能特点

1. 力学性能

（1）硬度：陶瓷材料通常具有较高的硬度，这使其在耐磨应用中表现出色。

（2）强度：陶瓷材料的抗压强度较高，但抗拉强度较低，容易在拉应力下发生脆性断裂。

（3）韧性：陶瓷材料的韧性较低，容易发生脆性断裂。通过添加相或纤维增强，可以提高其韧性。

2. 热学性能

（1）热稳定性：陶瓷材料具有良好的热稳定性，能够在高温环境下保持结构稳定。

（2）热导率：某些陶瓷材料（如氧化铝）具有较高的热导率，适用于高温隔热材料。

3. 电学性能

（1）绝缘性：大多数陶瓷材料具有良好的电绝缘性，广泛用于电子元器件和绝缘子。

（2）介电常数：一些陶瓷材料（如钛酸钡）具有高的介电常数，适用于电容器。

4. 化学性能

（1）耐腐蚀性：陶瓷材料通常具有良好的耐腐蚀性，能够抵抗酸碱等化学介质的侵蚀。

（2）抗氧化性：陶瓷材料在高温下具有良好的抗氧化性能，适用于高温环境中的应用。

（四）陶瓷材料的应用

航空航天领域：碳纤维复合材料用于飞机机翼、机身、尾翼等，可减轻重量、提高强度。

汽车领域：用于制造车身、车架、发动机部件等，如铝基复合材料用于汽车制动盘。

船舶领域：用于制造游艇、渔船的船体，具有轻质、高强、耐腐蚀的特点。

能源领域：用于风力发电叶片、高压容器等，如玻璃纤维增强复合材料用于风力发电叶片。

基础设施领域：用于桥梁、房屋的结构材料和加固材料。

体育用品领域：用于制造球拍、自行车架、高尔夫球杆等，具有高强度和轻质的特点。

二、常用工业陶瓷

(一)传统陶瓷

普通陶瓷又称传统陶瓷,其组成成分为高岭土($Al_2O_3 \cdot SiO_2 \cdot 2H_2O$)、长石(钾长石 – $K_2O \cdot Al_2O_3 \cdot 6SiO_2$ 和钠长石 – $Na_2O \cdot Al_2O_3 \cdot 6SiO_2$)和石英($SiO_2$),经成形后烧结而成。组织中主晶相为莫来石($Al_2O_3 \cdot 2SiO_2$),占25%~30%,次晶相为$SiO_2$,玻璃相占35%~60%,它是以长石为溶剂,在高温下溶解一定量的黏土和石英后得到的,气相占1%~3%。这类陶瓷加工成形性好,成本低,产量大,应用广。除日用陶瓷、瓷器外,大量用于电器、化工、建筑、纺织等工业部门,如耐蚀要求不高的化工容器、管道,供电系统的绝缘子、纺织机械中的导纱零件等。

(二)特种陶瓷

特种陶瓷又称新型陶瓷、近代陶瓷、精细陶瓷,基于其化学成分和主要组成物可以分为以下四类。

1. 氧化铝陶瓷

氧化铝陶瓷又称高铝陶瓷,其主要成分是Al_2O_3,根据Al_2O_3含量的不同,氧化铝陶瓷可以分为75瓷($\omega Al_2O_3 = 75\%$,又称刚玉—莫来石瓷)、95瓷($\omega Al_2O_3 = 95\%$)、99瓷($\omega Al_2O_3 = 99\%$),其中95瓷和99瓷又称为钢玉瓷。Al_2O_3含量越高,陶瓷综合性能就越好。

2. 氮化硅陶瓷

现有的氮化硅陶瓷的制作方法有反应烧结法和热压烧结法,因两种制作工艺方法差别较大,所以制品的性能也有较大的差异,应用场合也有所不同。

3. 碳化硅陶瓷

碳化硅陶瓷的主要组成物是SiC,它是以共价键结合的晶体,键能高且稳定，其生产制造方法也有反应烧结法和热压烧结法两种。

4. 氧化锆陶瓷

氧化锆陶瓷（ZrO_2）被称为陶瓷钢，因其具有相变增韧和微裂纹增韧的性能，所以强度和韧性较高，在现有陶瓷制品中，其断裂韧性最高，且室温机械性能较好。

氧化锆陶瓷和普通陶瓷在物理、化学和机械性能上存在显著差异，关键性能参数的对比如表 5-5 所示。

表 5-5　　　　　　　氧化锆陶瓷和普通陶瓷的性能对比

性能参数	氧化锆陶瓷	普通陶瓷
密度	约 $5.7 \sim 6.1 g/cm^3$	约 $2.3 \sim 3.0 g/cm^3$
硬度	高，约为 8~9（莫氏硬度）	较低，约为 6~7（莫氏硬度）
热导率	中等，约 2~3W/m·K	较低，约 1~2W/m·K
热膨胀系数	较低，约 10~12ppm/℃	较高，约 40~60ppm/℃
介电常数	约 10~15	约 5~10
耐腐蚀性	优异，耐酸碱	较好，但不如氧化锆
化学稳定性	非常高	较高
抗弯强度	高，约 1000MPa	较低，约 200~400MPa
断裂韧性	高，约 $10MPa·m^{1/2}$	较低，约 $1\sim3MPa·m^{1/2}$
弹性模量	高，约 200GPa	较高，约 100~150GPa
耐磨性	非常高	较高

第三节　复合材料

一、概述

复合材料是由两种或两种以上不同性质的材料通过物理或化学方法复合

而成的新型材料。其组成材料包括：

基体材料：提供整体形状和支撑作用，如树脂、金属、陶瓷。

增强材料：提供强度和刚度，如纤维、颗粒、晶须。

（一）复合材料的特性

高强度和高刚度：增强材料（如纤维）提供了优异的力学性能。

重量轻：复合材料密度低，比强度（强度/密度）和比刚度（刚度/密度）高。

设计灵活：可根据需求调整增强材料和基体材料的比例和分布。

耐腐蚀和耐疲劳：复合材料对化学腐蚀和疲劳损伤的抵抗能力较强。

多功能性：复合材料可同时具备多种功能，如导电、导热、吸波等。

（二）复合材料的分类

1. 按增强体形态分类

复合材料按增强体形态分类可以分为以下三类。

（1）纤维增强复合材料：以纤维为增强体，如碳纤维增强复合材料、玻璃纤维增强复合材料、芳纶纤维增强复合材料等。

（2）颗粒增强复合材料：以颗粒为增强体，如陶瓷颗粒增强金属基复合材料、金属颗粒增强塑料基复合材料等。

（3）层状增强复合材料：以层状材料为增强体，如碳纤维增强树脂基复合材料的层压板、玻璃纤维增强树脂基复合材料的层压板等。

2. 按基体材料分类

复合材料按基体材料分类可以分为以下三类。

（1）高分子基复合材料：以树脂为基体，如环氧树脂基复合材料、酚醛树脂基复合材料、聚酯树脂基复合材料等。

（2）金属基复合材料：以金属为基体，如铝基复合材料、镁基复合材料、钛基复合材料等。

（3）陶瓷基复合材料：以陶瓷为基体，如氧化铝基复合材料、碳化硅基复合材料等。它们结合了陶瓷材料的高温耐受性和增强相的高强度和韧性,从而在许多高性能应用中表现出色。如陶瓷基复合材料发动机,陶瓷基复合材料因其优异的耐温性能(最高可达1600℃),被用于制造燃烧室、涡轮叶片等关键部位,显著提升发动机效率并降低冷却需求,如图5-8(a)所示;陶瓷基复合材料绝缘材料,陶瓷基复合材料因具有良好的电绝缘性能,同时具备耐高温、耐腐蚀和耐磨等特点,适用于极端环境下的电气设备,为电路提供可靠保护,如图5-8(b)所示。

 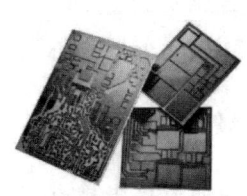

(a)陶瓷基复合材料发动机　　(b)陶瓷基复合材料绝缘材料

图5-8　陶瓷基复合材料制品

陶瓷基复合材料的增强体通常为纤维、晶须和颗粒状。主要是碳纤维或石墨纤维,它能大幅度地提高冲击韧性和热震性,降低陶瓷的脆性,而陶瓷基体则保证纤维在高温下不氧化烧蚀,使材料的综合力学性能大大提高。如碳纤维—石英陶瓷的冲击韧性为烧结石英的40倍,抗弯强度为5~12倍,能承受1200℃~1500℃的高温气流冲蚀,可用于宇航飞行器的防热部件上;碳纤维-Si_3N_4复合材料可在1400℃长期工作,用于制造飞机发动机叶片。

(三)复合材料的应用

航空航天:用于制造飞机机身、机翼、火箭发动机壳体等。

典型材料:碳纤维增强塑料(CFRP)。

汽车工业:用于制造车身、底盘、刹车片等。

典型材料:玻璃纤维增强塑料(GFRP)、碳纤维增强塑料(CFRP)。

其他领域:复合材料在体育器材、医疗器械、建筑材料等领域也具有广泛的应用,如高尔夫球杆、人工关节、建筑幕墙等。

二、常用复合材料

（一）玻璃纤维增强塑料

玻璃纤维增强塑料是指由玻璃纤维与热固性树脂或热塑性树脂复合的材料，通常称为玻璃钢。

它具有高强度、价格低、来源丰富、工艺性能好等特点，比普通塑料有更高的强度（包括抗拉、抗弯、抗压）和冲击韧度，热膨胀系数减小，尺寸稳定性增加，在汽车行业得到广泛的应用。

（二）碳纤维增强塑料

碳纤维增强塑料是指具有基体和碳纤维复合特性的复合材料，主要是以环氧树脂为基体、以碳纤维为基体的环氧树脂基碳纤维增强塑料，其制品如图 5 - 9 所示。

 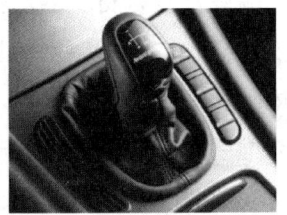

图 5 - 9　碳纤维增强塑料制品

它的抗拉强度和疲劳强度高，密度低，耐磨性好，耐蚀性好，膨胀系数小，能导电，延伸率小，抗冲击性差。常用的碳纤维补强树脂基复合材料（CFRP）的比强度高、质量轻、抗冲击，根据碳纤维编织取向和含量的合理设计，灵活利用材料的各项异性特征和可调刚性，将 CFRP 压制成任何所需的形状，由 CFRP 制成的驱动轴，一根可代替两根钢铁轴，使重量减轻 60%，并大幅度降低车内噪声，还可使车身前后方向振动大幅降低。

第四节
其他非金属材料

一、玻璃

（一）玻璃的性能

玻璃是一种非晶形固体，它是以石英砂、纯碱、长石、石灰石等为主要原料，并加入某些金属氧化物等辅料，在高温窑中煅烧至熔融后，经成形、冷却所获得的非金属材料。

（1）密度：普通玻璃的密度一般为 $2.5g/cm^3$ 左右，石英玻璃的密度最小，为 $2.3g/cm^3$，而铅玻璃的最大密度可达 $8g/cm^3$。

（2）力学性能：抗拉强度低，抗压强度高，硬度较高（莫氏 4～8 级），韧性很差，是典型的脆性材料。

（3）耐热性：普通玻璃的耐热性较差，经过热处理后，可提高其耐热性。

（4）化学稳定性：玻璃有良好的化学稳定性，对酸、碱的腐蚀具有较强的抵抗能力，但氢氟酸对玻璃具有较强的腐蚀作用。

（5）绝缘性：固态玻璃具有良好的绝缘性能，可用于制造各种绝缘器材和电学仪器，但液态玻璃却具有良好的导电性。

（6）光学性质：玻璃最突出的特点是具有良好的光学性质。玻璃的光学性质主要反映在透明性和折光性。

（二）常用玻璃的种类

按其化学组成的不同可分为：钠玻璃、钾玻璃、铅玻璃、铝镁玻璃、硼硅玻璃和石英玻璃等。

按用途的不同还可分为：建筑玻璃、工业玻璃、光学玻璃、化学玻璃及玻璃纤维等。其中建筑玻璃有平板玻璃、波纹玻璃、玻璃砖和异形玻璃构件；工业玻璃有泡沫玻璃、夹丝玻璃、钢化玻璃、夹层玻璃、中空玻璃以及磨光玻璃等；而平板玻璃又有一般窗用玻璃、压花玻璃、磨砂玻璃、彩色玻璃和浮法玻璃等种类。

（三）常用的几种玻璃产品

1. 平板玻璃

平板玻璃通常是指窗用平板玻璃，又称镜片玻璃，在日常生活中随处可见。

2. 磨砂玻璃

磨砂玻璃通常又叫毛玻璃，它是对平板玻璃进行表面磨砂处理而得到的。其主要特点是透光不透明，常用于制作浴室、卫生间门窗等，还可用于制作灯罩、黑板面等。

3. 浮法玻璃

浮法玻璃是经锡槽浮抛成形的高质量平板玻璃，主要特点是表面平整，无波纹，光学性质比一般平板玻璃优良，多用于橱窗的制作及高级建筑的门窗等，如图 5-10 所示。

图 5-10　浮法玻璃

4. 钢化玻璃

钢化玻璃是普通玻璃经过高温淬火处理的特种玻璃，即将普通玻璃加热到一定温度后，迅速冷却进行特殊钢化处理。其性能特点是具有很高的温度急变抵抗能力，强度也较高。钢化玻璃主要用于高层建筑的门窗、厂房的天窗、汽车、火车、船舶的门窗和挡风玻璃等，如图5-11所示。

 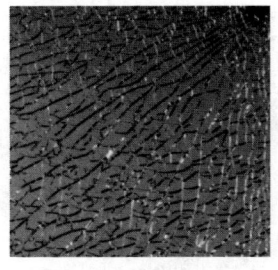 

图5-11 钢化玻璃

5. 夹丝玻璃

夹丝玻璃又称防碎玻璃，玻璃中间夹有一层金属网。夹丝玻璃又分为夹丝压花玻璃（在压延过程中夹入金属丝或网，一面压有花纹的平板玻璃）、夹丝磨光玻璃（表面进行磨光的夹丝玻璃）。特点是强度高，不易破碎。即使破碎，玻璃碎片也会附着在金属网上而不易脱落，具有一定的安全作用。适用于建筑中需要采光而对安全性要求又比较高的场合，如厂房天窗、防火门窗、地下采光窗等，如图5-12所示。

 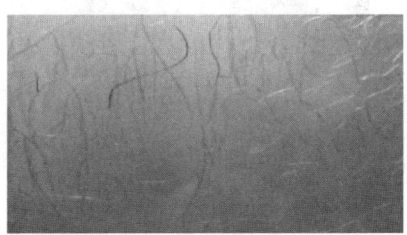

图5-12 夹丝玻璃

6. 夹层玻璃

夹层玻璃又称安全玻璃。它是将两片以上的平板类玻璃用聚乙烯醇缩丁醛塑料衬片黏合而成,具有较高的强度。在受到破坏时,会产生辐射状或同心圆形裂纹,碎片不易脱落,且不影响透明度,不产生折光现象,如图 5-13 所示。

图 5-13 夹层玻璃

7. 信号玻璃

信号玻璃主要有平板色玻璃、凸透镜玻璃、偏光镜玻璃和牛眼形玻璃四类。信号玻璃的质量要求远高于普通玻璃。它要求色彩鲜艳且均匀一致,具有较高的透明度,有选择的色光透过性等特性。广泛应用于铁路、公路、水路、航空等领域制作各种信号机、信号灯,如图 5-14 所示。

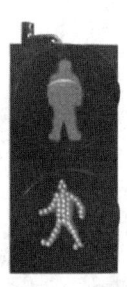

图 5-14 信号玻璃

8. 玻璃纤维

制成玻璃纤维的玻璃主要为二氧化硅和其他氧化物的共熔体,并以极快的速度抽拉成细丝状玻璃,直径一般为 $5 \sim 9 \mu m$,玻璃纤维柔软如丝,比玻璃的强度和韧性高得多，其抗拉强度可达 1000～3000MPa，比高强度钢还高出 2 倍；耐热性高，在 250℃ 以下力学性能变化不大；化学稳定性好，主要缺点是脆性较大。玻璃纤维若与合成树脂结合在一起，便形成了性能较好的玻璃纤维增强复合材料，即玻璃钢；玻璃纤维也可以制成耐火织物，如图 5-15 所示。

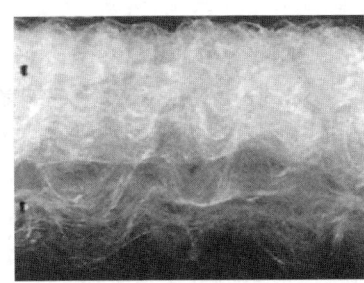 

图 5-15　玻璃纤维

二、石墨与碳材料

石墨和碳材料是一类重要的材料，它们在现代工业和科技中有着广泛的应用。

（一）石墨

石墨是一种天然存在的矿物，主要由碳原子组成，具有层状结构。石墨的层状结构使其具有许多独特的性质，如高导电性、高导热性和润滑性。

1. 石墨的特性

（1）导电性：石墨是良好的导体，因此常用于电极和电池。

（2）导热性：石墨具有优良的导热性能，可用于高温环境中的散热材料。

（3）润滑性：石墨的层状结构使其具有良好的润滑性能，常用于高温和高压环境中的润滑剂。

（4）化学稳定性：石墨在高温下具有良好的化学稳定性，不易与大多数物质反应。

2. 石墨的应用

（1）电池：石墨是锂离子电池的重要组成部分，用于制造电极。

（2）冶金：石墨用于制造耐火材料和高温炉衬。

（3）润滑剂：石墨被用作高温和高压环境中的润滑剂。

（4）复合材料：石墨与其他材料复合，可以提高材料的强度和导电性。

（二）碳材料

碳材料是指以碳元素为主要成分的一类材料，包括石墨、碳纳米管、石墨烯、活性炭等。这些材料由于其独特的结构和性质，在许多领域中具有重要应用。

1. 常见的碳材料

（1）石墨烯：石墨烯是由单层碳原子组成的二维材料，具有超高的导电性和导热性，被认为是未来电子器件的重要材料。

（2）碳纳米管：碳纳米管是由碳原子组成的管状结构，具有高强度和导电性，广泛应用于纳米科技和复合材料领域。

（3）活性炭：活性炭具有高度发达的孔隙结构，用于吸附和催化应用，如水处理和气体净化。

（4）碳纤维：碳纤维是一种高强度、低重量的材料，广泛应用于航空航天、体育器材和汽车工业。

2. 碳材料的应用

（1）电子器件：石墨烯和碳纳米管用于制造高性能电子器件，如晶体管和传感器。

（2）储能设备：碳材料用于制造超级电容器和电池，提高能量存储性能。

（3）复合材料：碳纤维和石墨用于制造高强度、轻质的复合材料，应用于航空航天和汽车工业。

（4）环保技术：活性炭用于水处理和空气净化，去除有害物质。

第五章
非金属材料

习 题

一、单选题

1. ( ) 属于热固性塑料。
   A. 氟塑料　　　B. 尼龙　　　C. 聚碳酸酯　　　D. 环氧塑料
2. 关于高分子材料优缺点描述正确的是 ( )。
   A. 刚度高/耐腐蚀性差　　　　　B. 塑性好/易蠕变
   C. 抗蠕变/刚度低　　　　　　　D. 强度高/易蠕变
3. 下列材料中 ( ) 适合制作汽车轮胎。
   A. 丁腈橡胶　　B. 硅橡胶　　C. 氟橡胶　　D. 顺丁橡胶
4. 下列材料中 ( ) 最适合制造汽车火花塞绝缘体。
   A. 聚丙烯　　B. 饱和聚酯　　C. 聚苯乙烯　　D. Al_2O_3
5. 下列材料中，塑性最差的是 ( )。
   A. 有机高分子　B. 金属　　C. 陶瓷　　D. 复合材料
6. 决定陶瓷材料物理化学性能的主要因素是 ( )。
   A. 玻璃相　　B. 晶体相　　C. 气相　　D. 密度
7. 常用碳纤维的直径大概是 ( )。
   A. 6 毫米　　B. 100 纳米　　C. 100 微米　　D. 6 微米
8. 玻璃纤维的主要成分是 ( )。
   A. 二氧化硅　　B. 氧化铝　　C. 硅粉　　D. 氧化锆

二、多选题

1. 热固性塑料指的是 ( )。
   A. 耐热性好　　　　　　　　　B. 初加热时软化，可塑造成形

C. 固化后加热不再软化　　　　　D. 固化后可以加热软化

2. 陶瓷材料具有的特点包括（　　）。
   A. 在高温下不易氧化　　　　　B. 电绝缘性能好
   C. 耐腐蚀　　　　　　　　　　D. 抗蠕变能力强

3. 高分子材料具有较高的比强度，其原因是（　　）。
   A. 自身密度低　　　　　　　　B. 绝对强度低
   C. 自身密度高　　　　　　　　D. 绝对强度高

4. 常见的工程塑料有（　　）等。
   A. 聚四氟乙烯　　　　　　　　B. 聚碳酸酯
   C. 聚甲醛　　　　　　　　　　D. 聚酰亚胺

5. 与传统陶瓷比较，特种陶瓷也称为精细陶瓷、先进陶瓷，其特征包括（　　）。
   A. 烧结工艺要求更严格　　　　B. 以人工合成化合物为原料
   C. 原料粒径更小　　　　　　　D. 原料纯度更高

6. 高温烧结时，陶瓷内部发生物理、化学变化及相变，表现为（　　）。
   A. 体积减小　　　　　　　　　B. 密度增加
   C. 强度、硬度提高　　　　　　D. 晶粒发生相变

7. 陶瓷实际强度仅为理论强度的 1/100～1/200，其原因是（　　）。
   A. 存在表面缺陷　　　　　　　B. 存在微裂纹
   C. 内部有气孔　　　　　　　　D. 基体中有位错

8. 陶瓷材料的力学性能特点描述正确的有（　　）。
   A. 冲击韧性、断裂韧性低　　　B. 抗拉强度低，抗压强度较高
   C. 硬度高、耐磨性好　　　　　D. 弹性模量大，脆性高

三、判断题

1. 高分子化合物是由分子链聚集而成，分子链之间的作用力为共价力。
   （　　）

2. 高分子材料按其结构可分为塑料、橡胶、纤维、涂料、黏结剂等。
   （　　）

3. 陶瓷材料通常由晶相、玻璃相和气相组成。　　　　（　）
4. 一般陶瓷材料具有比钢更高的弹性模量。　　　　　（　）
5. 氮化硅陶瓷具有一定自润滑性，可以用作轴承材料。（　）
6. 陶瓷中玻璃相的存在可以抑制烧结过程中晶粒的长大。（　）
7. 陶瓷基复合材料的增强体通常为纤维、晶须和颗粒状。（　）
8. 玻璃钢是由玻璃纤维与树脂复合而成的复合材料。　（　）

四、思考题

1. 什么是高分子材料？
2. 工程塑料、橡胶与金属相比在性能和应用上有哪些主要区别？
3. 什么是纤维？六纶是指什么？各自的特点是什么？
4. 什么是陶瓷材料？其组织由哪几个相组成？

第六章

新型材料

第一节 纳米材料

一、纳米材料的定义与特性

(一) 定义

纳米材料是指纳米颗粒和由它们构成的纳米薄膜和固体,是一种结构尺寸在 $1\sim100\mathrm{nm}$ ($1\mathrm{nm}=10^{-9}\mathrm{m}$) 范围内的超细材料。

(二) 特性

由于纳米材料的超细化,其晶体结构和表面电子结构发生了一系列变化,产生了一般宏观物体所不具备的量子尺寸效应、小尺寸效应、表面效应和宏观量子隧道效应。从而使由纳米超微粒组成的纳米材料和常规材料相比,在电、磁、光、力、热和化学等方面具有了一系列奇异的性能,纳米材料制品如图 6-1 所示。

(a) 纳米材料

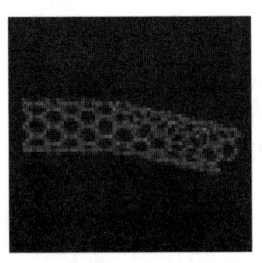
(b) 碳纳米管

图 6-1 纳米材料制品

二、纳米材料的制备方法

纳米材料的制备方法多种多样,主要可以分为自上而下(top-down)和自下而上(bottom-up)两大类。

(一)自上而下方法

(1)机械研磨法:通过机械力将大块材料粉碎成纳米尺度。

(2)气相沉积法:如化学气相沉积(CVD)和物理气相沉积(PVD),通过气体反应在基底上沉积纳米材料,其中化学气相沉积可用于制备碳纳米管、石墨烯等材料。

(3)液相剥离法:通过化学处理将层状材料剥离成纳米片。

(二)自下而上方法

(1)溶胶—凝胶法:通过溶液中的化学反应形成纳米颗粒或纳米结构,可用于制备二氧化硅、氧化铝等纳米颗粒。

(2)化学合成法:如沉淀法、水热法、溶剂热法等,通过化学反应在溶液中生长纳米材料。

(3)模板法:使用模板(如纳米孔膜、胶束等)控制纳米材料的形状和尺寸。

(4)自组装法:利用分子间的相互作用自发形成纳米结构。

三、纳米材料的应用

纳米材料由于其独特的物理、化学和生物特性,在多个领域有着广泛的应用。

(一)电子和光学设备

纳米材料在电子和光学设备中有着广泛的应用。例如,碳纳米管和石墨烯由于其优异的电学和热学性能,被广泛用于制造高性能电子元件,如晶体管、传感器和电池等。

（二）医疗保健

纳米技术在医疗领域的应用包括药物递送系统、医学成像、基因治疗和生物传感器等。例如，纳米颗粒可以用来包裹药物分子，通过血液循环系统精确地递送到病灶部位，从而提高疗效并减少副作用。

（三）能源

纳米材料在能源领域也有重要应用。例如，纳米结构的太阳能电池可以提高光电转换效率；锂离子电池中的纳米电极材料可以提高充放电速度和电池寿命。

（四）环境保护

纳米材料在环境治理方面也有应用。例如，纳米催化剂可以用于净化空气和水处理，去除有害污染物。

（五）汽车领域

纳米材料如碳纳米管、纳米纤维和纳米陶瓷等具有高强度和低密度的特点，可用于制造汽车车身面板、保险杠等部件，显著减轻汽车重量，提高燃油效率；纤维素纳米纤丝（CNF）：这种绿色创新材料具有高强度、低比重（$1.4g/cm^3$）和优异的机械性能，可用于汽车内饰、外板以及轮胎等部件，实现轻量化和高性能化；纳米涂料：利用纳米材料的抗紫外线、抗老化、高强度和韧性等特性，开发新型汽车涂料，如纳米面漆、抗石击涂料、防静电涂料等。这些涂料能够提高汽车外观的耐久性和美观性；自修复涂层：现代汽车集团开发的自修复聚合物涂层能够在遭受划痕时自动恢复原始状态，可用于自动驾驶汽车的摄像头镜头和激光雷达传感器表面。

第二节
石墨烯增强复合材料

一、石墨烯增强复合材料的定义与特性

(一) 定义

石墨烯是一种由碳原子构成的二维材料,具有优异的导电性、导热性和机械性能。将石墨烯加入聚合物、金属等基体材料中,可以显著提高复合材料的强度、导电性和导热性。

(二) 特性

石墨烯增强复合材料具有以下显著特性:

(1) 高电导率:石墨烯具有极高的电导率(室温下可达 $1\times10^6 S/cm$),其电子迁移率远超其他材料,因此石墨烯增强复合材料在电子器件和能源存储领域表现出色。

(2) 高强度与韧性:石墨烯的杨氏模量可达 1.0TPa,抗拉强度高达 130GPa,是优异行列中的典型代表。加入石墨烯后,复合材料的拉伸强度和模量显著提升。

(3) 卓越的热传导性能:石墨烯的热导率极高,可达数千瓦每米开尔文,远超传统金属材料。在复合材料中,石墨烯能够有效提高材料的导热性能。

(4) 大比表面积:石墨烯的比表面积可达 $2630 m^2/g$,这使其在吸附和催化应用中具有巨大潜力。

(5) 良好的化学稳定性:石墨烯具有极高的化学惰性、抗氧化性和耐腐蚀性,能够在极端环境下保持稳定。

(6) 多功能性:石墨烯增强复合材料不仅在力学、电学和热学性能上

表现出色，还具有抗紫外线、减重、耐火等特性。

二、石墨烯增强复合材料的应用

航空航天：用于制造轻质高强度结构件。

电子信息：用于高性能半导体和传感器。

能源存储：用于锂离子电池电极材料，提升能量密度。

石墨烯增强复合材料在生物医学领域也展现出巨大的潜力，例如，用于组织工程、药物释放和生物传感器等。

第三节 生物基复合材料

一、生物基复合材料的定义与特性

（一）定义

生物基复合材料是以生物质材料（如植物纤维、壳聚糖等）为基体或增强材料制成的复合材料。这类材料具有环保、可降解等优点，广泛应用于包装、建筑材料等领域。

（二）特性

（1）环境友好：来源于可再生生物质，可生物降解，减少环境污染。

（2）机械性能优良：通过天然纤维或纳米纤维增强，具有较高强度和模量。

（3）多功能性：隔热、隔音、减震，还可开发智能材料。

（4）低热膨胀系数：在温度变化环境中更稳定。

（5）经济性与可持续性：原料来源广泛，成本低，减少温室气体排放。

(6) 生物相容性：在生物医学领域可用于植入式器械和组织工程支架。

二、生物基复合材料的组成

（一）生物基组分

天然纤维：如木材纤维、竹纤维、麻纤维、棉纤维等。
生物塑料：如聚乳酸（PLA）、聚羟基烷酸酯（PHA）、聚丁二酸丁二醇酯（PBS）等。

（二）基体材料

聚合物基体：如聚乙烯（PE）、聚丙烯（PP）、环氧树脂等。
无机基体：如陶瓷、金属等。

三、生物基复合材料的应用

包装：生物基复合材料可用于制造可降解的包装材料，减少白色污染。
汽车工业：用于制造轻质、高强度的车身部件，提高燃油效率。
建筑材料：用于制造耐久、环保的建筑材料，如地板、墙板等。
航空航天：用于制造轻质、高强度的飞机部件，提高飞行效率。
电子设备：用于制造环保的电子设备外壳，减少电子废弃物的污染。

第四节 功能材料

一、功能材料的定义与分类

（一）定义

功能材料主要是指具有能够对信息和能量进行获取、传送、转换、存储和处理等特殊功能的材料。

（二）分类

功能材料的分类可以根据不同的标准进行，常见的分类方法有以下三种。

1. 按使用性能分类

功能材料按使用性能分类可以分为：电功能材料、磁功能材料、热功能材料、声功能材料、光功能材料、隐形材料。

2. 按化学成分分类

金属功能材料：涉及具有特定功能的金属材料，如形状记忆合金、超导材料等。

陶瓷功能材料：涉及具有特定功能的陶瓷材料，如压电陶瓷、高温超导陶瓷等。

高分子功能材料：涉及具有特定功能的高分子材料，如导电聚合物、光敏聚合物等。

复合功能材料：涉及由两种或以上不同材料复合而成的功能性材料，如碳纤维复合材料、纳米复合材料等。

3. 按材料用途分类

建筑功能材料：用于建筑物的功能性材料，如防水材料、保温材料、隔音材料等。

电子功能材料：用于电子产品中的功能性材料，如半导体材料、导电材料、光电材料等。

医疗功能材料：用于医疗设备和器械的功能性材料，如生物相容性材料、医用高分子材料等。

能源功能材料：用于能源相关设备的功能性材料，如电池材料、太阳能材料、燃料电池材料等。

二、常见功能材料

(一) 形状记忆材料

1. 定义

形状记忆是指某些材料在一定条件下,虽经变形但仍然能够恢复到变形前原始形状的能力。

2. 分类

目前,形状记忆合金主要分为 Ni-Ti 系、Cu 系和 Fe 系合金等。

3. 形状记忆合金的主要特性

(1) 形状记忆效应:在加热或施加应力时,形状记忆合金可以恢复到原来的形状。这一特性是由于合金内部的晶体结构在不同温度和应力条件下发生相变。

(2) 超弹性:某些形状记忆合金在应变超过其弹性极限后,仍能恢复到原状,表现出超弹性行为,普通合金与记忆合金的超弹性能对比如图 6-2 所示。这种现象通常发生在镍钛合金 (Ni-Ti) 中。

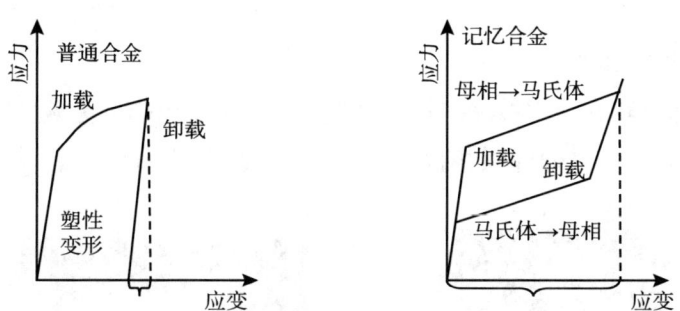

图 6-2 普通合金与记忆合金的超弹性能对比

资料来源:沈莲. 机械工程材料 [M]. 4 版. 北京:机械工业出版社,2018.

通过图 6-2 的对比可以知道记忆合金的可恢复应变远高于普通合金。

(3) 耐腐蚀性和生物相容性:许多形状记忆合金具有良好的耐腐蚀性

和生物相容性，使其在医疗领域有广泛应用。

4. 应用

形状记忆材料可用于各种管接头、电路的连接、自控系统的驱动器以及热机能量转换材料等，具体实例如图6-3所示。

图6-3　形状记忆合金制品

（二）超导材料

1. 超导现象和超导材料

材料的电阻随温度降低而减小并最终出现零电阻的现象称为超导电现象。

超导材料：在一定的低温条件下呈现出电阻等于零以及排斥磁力线性质的材料。

2. 超导体定义

超导体是指在一定温度下材料电阻为零，物质内部失去磁通成为完全抗磁性的物质，超导体制品如图6-4所示。

（a）超导电机　　　　　　　　（b）Led灯超导纳米材料灯泡

图6-4　超导体制品

3. 超导体的三大特性

(1) 零电阻：在临界温度以下，超导体的电阻为零，电流可以无限制地流动。

如果将这种导线做成闭合电路，电流就可以永无休止地流动下去。确实有人做了实验，实验示意如图 6-5 所示：将一个铅环冷却到 7.25K 以下，用磁铁在铅环中感应出几百安培的电流，从 1954 年 3 月 16 日直到 1956 年 9 月 5 日铅环中的电流不停流动，数值也没有变化。铅环中的电流不停地流动，形成一个永久的磁场，使一枚磁针悬浮。

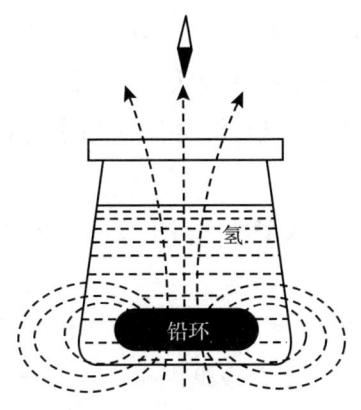

图 6-5 实验示意

资料来源：沈莲. 机械工程材料 [M]. 4 版. 北京：机械工业出版社，2018.

(2) 迈斯纳效应 (meissner effect)：又称抗磁性，超导体在进入超导状态时，会排斥磁场，使得内部磁场强度为零。抗磁性的应用是磁悬浮，其超导体为：钇系 (T_c 约 90K，YBCO 或 Re BCO) 高温超导材料。

(3) 临界温度 (T_c)：每种超导体都有一个特定的临界温度，只有在这个温度以下才能表现出超导性质。

4. 常用超导材料

(1) 化学元素超导体。

化学元素超导体是指由单一化学元素构成的超导材料。共 26 种：Ti、Zr、Hf、Th、V、Nb、Ta、Pa、Mo、W、U、Te、Re、Ru、Os、Ir、Zn、

Cd、Hg、Al、Ge、In、Tl、Sn、Pb、La。

以下是一些常见的化学元素超导体及其临界温度（Tc，即材料转变为超导态的温度）：

汞（Hg）：Tc = 4.15K

铅（Pb）：Tc = 7.20K

锡（Sn）：Tc = 3.72K

铌（Nb）：Tc = 9.26K

钽（Ta）：Tc = 4.45K

钒（V）：Tc = 5.0K

这些元素在低温下表现出超导性，但由于它们的临界温度较低，通常需要液氦等昂贵的冷却手段来维持超导状态。因此，研究人员一直在寻找更高临界温度的超导材料，例如，高温超导体（如钇钡铜氧化物 YBa2Cu3O7）。

（2）合金超导体。

合金超导体是指由两种或多种元素组成的合金材料，具有在低温下电阻为零的特性。

合金超导体的基本原理：超导现象最早在 1911 年由荷兰物理学家海克·卡末林·昂内斯发现。他发现在极低温度下，汞的电阻会突然变为零。此后，人们发现许多其他材料也具有类似的性质。

合金超导体的超导性能通常由其组成元素的特定组合决定。例如，铌钛合金（Nb-Ti）和铌三锡（Nb$_3$Sn）是两种常见的高温超导体。这里的"高温"是相对于传统的液氦温区而言的，这些材料可以在液氮温区（约 77K）下表现出超导性。NbTi 超导线如图 6-6 所示。

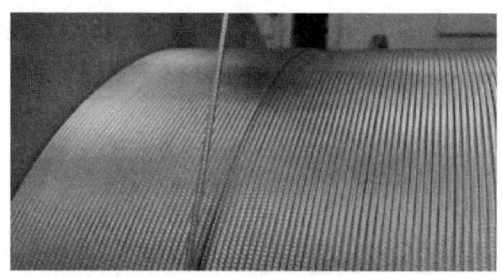

图 6-6 NbTi 超导线

（三）智能材料

1. 定义

智能材料是一类能够感知环境变化并作出响应的先进材料。它们可以对各种外部刺激（如温度、湿度、光、电场、磁场、压力等）进行响应，从而改变自身的物理或化学性质。

2. 常见的智能材料类型

形状记忆合金（SMA）：在特定温度下可以恢复预设形状。

压电材料：在外加电场或机械应力下产生形变或电荷。压电效应分为正压电效应和逆压电效应，正压电效应是指当材料受到机械应力时，其内部产生极化，从而在材料表面产生电荷；逆压电效应是指当在材料上施加电场时，材料会发生形变。常见的压电材料主要有石英、陶瓷压电材料、聚合物压电材料和复合压电材料。

光敏材料：在光照下改变物理性质。光敏材料广泛应用于多个领域，包括摄影、印刷、微电子制造等。常见的光敏材料有感光乳剂、光刻胶、有机光敏材料等。

温敏材料：在温度变化下改变物理性质。温敏材料可以分为两大类，分别是有机温敏材料和无机温敏材料。有机温敏材料主要包括温敏性聚合物、液晶等，无机温敏材料则包括某些金属、陶瓷等。温敏材料的主要特性是其对温度的敏感性，这种敏感性体现在材料的物理或化学性质上。例如，某些温敏性聚合物在温度升高时会发生相变，从而改变其溶解性、黏度等物理性质；某些液晶在温度变化时会发生颜色变化。

湿度敏感材料：在湿度变化下改变物理性质。这类材料在很多领域都有广泛的应用，如医疗、电子、建筑等。

3. 应用领域

医疗：智能材料可以用于制造可穿戴设备、植入物和药物释放系统。例如，温敏性聚合物可以在特定温度下改变形状，用于靶向药物释放。

建筑：智能材料可以用于建筑物的温度调节、噪声控制和结构监测。例如，相变材料（PCM）可以在吸收或释放热量时改变状态，用于建筑物的节能设计。

航空航天：智能材料可以用于制造轻质、高强度的结构材料，以及自适应飞行器表面。例如，压电材料可以用于制造传感器和致动器，用于飞行器的振动控制。

电子设备：智能材料可以用于制造柔性显示屏、传感器和能量收集装置。例如，导电聚合物可以用于制造柔性电路和触摸屏。

汽车工业：智能材料可以用于制造自适应悬架系统、智能窗户和车辆结构监测系统。例如，磁流变液可以在磁场作用下改变黏度，用于自适应悬架系统。

（四）生物医用新型材料

生物医用材料是一类用于诊断、治疗或预防疾病，以及修复、替换或改善人体组织功能的材料。这些材料可以是天然的或合成的，包括但不限于金属、陶瓷、聚合物和复合材料。

1. 陶瓷基生物医用复合材料

陶瓷基生物医用复合材料是一种用于医疗和生物工程领域的先进材料。这种材料由陶瓷基体和其他生物相容性成分（如聚合物、金属或生物活性玻璃）组成，通过复合技术结合在一起，以获得具有特定性能的复合材料。

（1）特性和优势。

生物相容性：陶瓷基复合材料通常具有良好的生物相容性，这意味着它们可以与生物组织相互作用而不会引起有害的免疫反应。

机械性能：通过将陶瓷与其他材料复合，可以改善其机械性能，例如，强度、韧性和弹性模量，使其更适合用于承重或高应力应用。

生物活性：某些陶瓷基复合材料具有生物活性，能够与周围组织形成化学键合，促进组织再生和修复。

耐腐蚀性：陶瓷基材料通常具有良好的耐腐蚀性，这在体内环境中非常重要，可以防止材料降解和离子释放。

(2)应用领域。

骨科植入物：陶瓷基复合材料广泛用于制造髋关节、膝关节和其他骨科植入物，由于其优异的耐磨性和生物相容性，特别适合这些应用。

牙科应用：氧化锆和氧化铝等陶瓷材料常用于制造牙科种植体、牙冠和牙桥，由于其美观性和耐用性，特别受欢迎。

心血管支架：陶瓷基复合材料也被用于制造心血管支架，由于其生物相容性和机械性能，可以有效支撑血管并防止再狭窄。

生物传感器：陶瓷基复合材料可以用于制造生物传感器，用于监测体内各种生理参数，如血糖、血压等。

组织工程支架：在组织工程领域，陶瓷基复合材料被用作支架材料，支持细胞生长和组织再生。

（3）制备方法。

粉末冶金：通过混合陶瓷粉末和其他组分，然后进行压制和烧结，制备陶瓷基复合材料。

溶胶—凝胶法：利用化学溶液通过溶胶—凝胶过程形成陶瓷基体，然后与其他材料复合。

热喷涂：通过热喷涂技术在基体上沉积陶瓷涂层，形成复合材料结构。

注射成形：将陶瓷粉末和有机黏结剂混合，通过注射成形技术制备复杂形状的陶瓷基复合材料。

2. 高分子基生物医用复合材料

高分子基生物医用复合材料是一类由高分子材料与其他功能性组分（如无机粒子、药物、生物活性因子等）复合而成的材料，主要用于生物医学领域。这些材料结合了高分子材料的优良物理机械性能和其他组分的特定功能，具有广泛的应用前景。高分子基生物医用复合材料的主要类型和应用如下所示。

（1）聚合物—无机复合材料。

材料组成：聚合物基体（如聚乳酸、聚乙醇酸等）与无机粒子（如羟基磷灰石、二氧化硅等）复合。

应用：主要用于骨科植入物、牙齿修复材料等。例如，羟基磷灰石增强的聚乳酸复合材料在骨修复和再生中表现出良好的生物相容性和机械性能。

（2）聚合物—药物复合材料。

材料组成：聚合物基体（如聚乙烯醇、壳聚糖等）与药物分子复合。

应用：用于药物控释系统。例如，通过将抗癌药物封装在聚合物微球中，可以实现药物的缓慢释放，提高治疗效果并减少副作用。

（3）聚合物—生物活性因子复合材料。

材料组成：聚合物基体（如明胶、纤维素等）与生长因子、抗体等生物活性因子复合。

应用：用于组织工程和再生医学。例如，含有血管内皮生长因子（VEGF）的复合材料可以促进血管生成，加速组织修复过程。

（4）聚合物—碳纳米材料复合材料。

材料组成：聚合物基体与碳纳米管、石墨烯等碳纳米材料复合。

应用：用于生物传感器、生物电子器件等。例如，石墨烯增强的聚合物复合材料由于其优异的导电性和生物相容性，被广泛应用于生物传感器的制备。

3. 金属基生物医用复合材料

金属基生物医用复合材料是一类用于医疗和生物工程领域的先进材料，它们由金属基体（如不锈钢、钛合金、钴铬合金等）与生物活性物质（如羟基磷灰石、生物陶瓷、聚合物等）复合而成。这种材料结合了金属的高强度和良好的机械性能以及生物活性物质的生物相容性和生物功能性，因此在骨骼修复、植入物、医疗器械等方面具有广泛的应用前景。

主要特点：

机械性能优异：金属基体提供了高强度和良好的韧性，使得复合材料能够承受较大的力学负荷。

生物相容性：通过与生物活性物质复合，材料表面可以形成生物相容性涂层，减少免疫排斥反应。

可控的降解速率：在某些情况下，金属基生物医用复合材料可以通过设计来控制其在体内的降解速率，以适应不同治疗需求。

多功能性：可以通过改变复合材料的组分和结构来赋予其多种功能，如抗菌、促进细胞生长等。

第六章 新型材料

习 题

一、单选题

1. 玻璃钢复合材料的基体是（　　）。
   A. 树脂　　　B. 碳化硅　　　C. 低碳钢　　　D. 玻璃纤维
2. 如下四种纤维增强材料中，（　　）自身密度最小。
   A. 玻璃纤维　　B. 纶纤维　　　C. 硼纤维　　　D. 钢丝
3. 以下关于碳纤维增强复合材料的特点描述正确的是（　　）。
   A. 低强度　　　B. 低模量　　　C. 高重量　　　D. 耐腐蚀性
4. 超弹性是指某些形状记忆合金在应变超过其（　　）后，仍能恢复到原状，表现出超弹性行为。
   A. 弹性极限　　B. 屈服极限　　C. 强度极限　　D. 局部极限
5. 石墨烯是一种由碳原子构成的（　　）材料，具有优异的导电性、导热性和机械性能。
   A. 一维　　　　B. 二维　　　　C. 三维　　　　D. 四维

二、多选题

1. 对于超导材料性能描述正确的有（　　）。
   A. 超导态下表现出完全顺磁性
   B. 超导态下导体内零电阻
   C. 具有约瑟夫森效应
   D. 超导体具有临界电流，超过临界电流超导电性消失
2. 具有超导性的材料种类包括（　　）。
   A. 金属间化合物超导体　　　　B. 元素超导体

C. 合金超导体　　　　　　　　D. 陶瓷超导体

3. 常用形状记忆合金包括（　　）。

　　A. Fe 系合金　　B. 低碳钢　　C. Cu 系合金　　D. T–Ni 系合金

4. 功能材料按化学成分分类，包括（　　）。

　　A. 金属功能材料　　　　　　　B. 陶瓷功能材料

　　C. 高分子功能材料　　　　　　D. 复合功能材料

5. 超导体的三大特性是（　　）。

　　A. 零电阻　　　　　　　　　　B. 抗磁性

　　C. 临界温度（Tc）　　　　　　D. 高温性

三、判断题

1. 超导材料希望超导临界温度越高越好。　　　　　　　　　　　　（　　）

2. 常见的压电材料主要有石英、陶瓷压电材料、聚合物压电材料和复合压电材料。　　　　　　　　　　　　　　　　　　　　　　　　　　（　　）

3. 合金超导体的超导性能通常由其组成元素的特定组合决定。　　（　　）

4. 磁悬浮的超导体为：钇系（Tc 约 90K，YBCO 或 Re BCO）高温超导材料。　　　　　　　　　　　　　　　　　　　　　　　　　　　　（　　）

5. 纳米复合材料是指相的尺寸必须在 1~100nm 之间的复合材料。

　　　　　　　　　　　　　　　　　　　　　　　　　　　　　（　　）

四、思考题

1. 什么是纳米材料？如何制备纳米材料？

2. 什么是碳纤维增强复合材料？具有什么特点？

3. 什么是形状记忆材料？解析金属形状记忆效应的机理。

4. 什么是超导体？超导体的三大特性是什么？

第七章

铸造成型

第一节

铸造工艺理论

一、概述

金属的成形方法有铸造、塑性成型加工、切削加工、焊接和粉末冶金五大类。

（一）铸造工艺的特点

（1）成型灵活性高：可以通过设计不同形状的模具，生产出各种复杂形状的铸件，适应性强。

（2）材料广泛：可以使用多种金属和合金进行铸造，包括铁、钢、铝、铜、锌等。

（3）成本效益：对于大批量生产而言，铸造通常比其他加工方法更经济，尤其是对于复杂形状的零件。

（4）尺寸精度和表面光洁度：根据铸造方法的不同，铸件可以达到较高的尺寸精度和表面光洁度，但通常需要后续加工以达到精密要求。

（5）内部组织控制：通过控制铸造过程中的冷却速度和浇注方式，可以影响铸件的内部组织结构，从而调整其性能。

（6）大型和重型零件制造能力：铸造工艺适合制造大型和重型零件，这是许多其他加工方法难以实现的。

（7）废料利用：铸造过程中产生的废料可以回收再利用，具有一定的环保优势。

（8）工艺多样性：有多种铸造工艺可供选择，如砂型铸造、重力铸造、低压铸造、高压铸造、离心铸造等,每种工艺都有其特定的应用场景和优势。

(9) 设计自由度高:铸造工艺允许设计师在结构设计上拥有更大的自由度,可以整合多个零件功能于一体,减少装配步骤和降低成本。

尽管铸造工艺有许多优点,但它也存在一些局限性,例如,可能产生气孔、缩孔、裂纹等缺陷,且对于某些高性能材料的铸造可能会更加复杂和困难。因此,在选择铸造工艺时,需要综合考虑材料特性、产品要求、生产成本等因素。

(二) 铸造工艺方法分类

(1) 依据造型方法分:砂型铸造和特种铸造。
(2) 依据成型工艺分:重力充型(砂型铸造、金属型铸造等)和压力充型。

(三) 铸造工艺的应用

机械、化工、国防、建筑等各行各业均有应用。在一般的机器设备中,铸件占机器总重量的 45% ~ 90%。

机床、重型机器、内燃机中:铸件占 70% ~ 90%。

压气机、风机中:铸件占 60% ~ 80%。

拖拉机中:铸件占 50% ~ 70%。

农业机械中:铸件占 40% ~ 70%。

汽车中:铸件占 20% ~ 30%。

二、合金的铸造性能

铸件的质量与铸件的工艺过程密切相关,合金在铸造生产过程中表现出来的工艺性能称为合金的铸造性能,它包括流动性、收缩性、偏析性、氧化性、吸气性等,其中流动性和收缩性对铸件质量影响最大。

（一）合金的流动性与充型能力

1. 合金的流动性

（1）定义。

流动性是指液态金属填充铸型的能力，它直接影响到铸件的质量和成型效果。

（2）影响流动性的因素。

影响流动性的因素主要是金属液化学成分。不同类型的合金具有不同的流动性，共晶合金流动性最好（液相线温度低，恒温凝固）；合金结晶温度范围越宽，流动性越差，如图 7-1 所示。

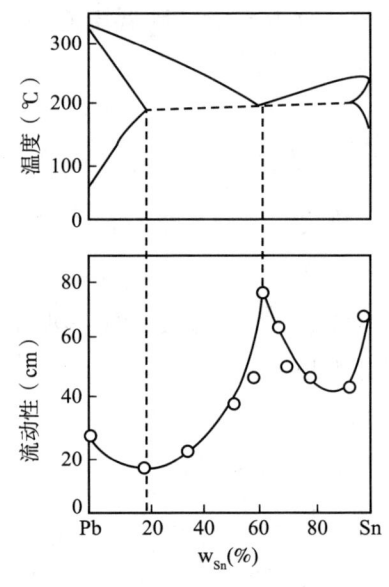

图 7-1 铅锡合金的流动性与相图的关系曲线

资料来源：张建军. 工程材料与成型技术基础［M］. 西安：西安交通大学出版社，2020.

（3）流动性的测量。

流动性通常采用螺旋流动试验来测量，这种方法是将液态金属倒入一个螺旋形的模具中，根据金属能够充满螺旋路径的程度来判断其流动性。充满的长度或是否完全充满可以作为流动性的指标,如图7-2所示。

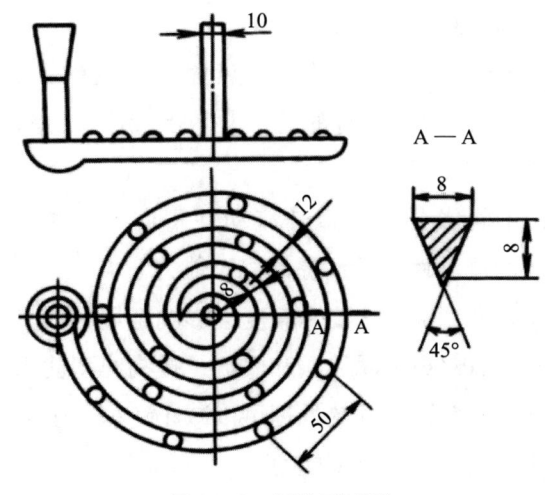

图7-2 螺旋形试样

资料来源:张建军. 工程材料与成型技术基础 [M]. 西安:西安交通大学出版社,2020.

2. 液态金属的充型能力

液态合金的充型能力和流动性是两个不同的概念。充型能力是考虑铸型及工艺因素影响的熔融金属的流动性,流动性则是指熔融金属本身的流动能力,因而它是影响充型能力的主要因素之一。

(1) 充型能力的定义。

充型能力是指液态金属充满铸型型腔,获得形状完整、轮廓清晰铸件的能力。

(2) 影响充型能力的因素。

①流动性:液态金属的流动性是决定其充型能力的关键因素。流动性好的金属容易流动到铸型的各个角落,填充复杂形状的铸件。流动性主要取决于金属的成分、温度和浇注速度。

②浇注温度:较高的浇注温度可以降低金属的黏度,提高流动性,从而增强充型能力,但温度过高可能会导致铸件产生热裂纹或气孔等缺陷。

③铸型温度:铸型温度对液态金属的冷却速度有直接影响。适当的铸型

温度可以保持金属的流动性，有助于提高充型能力。

④浇注系统设计：合理的浇注系统设计可以有效地控制金属的流动方向和速度，减少涡流和飞溅，提高充型能力。

⑤铸型材料和结构：铸型材料的导热性能和结构会影响金属的冷却速度和流动性。例如，砂型铸造的透气性和导热性较差，可能会影响充型能力。

⑥合金成分：不同成分的合金其流动性不同。一些合金元素（如硅、镁）可以改善金属的流动性，从而提高充型能力。

⑦浇注速度和高度：浇注速度和高度会影响金属的动量和冲击力。适当的浇注速度和高度可以避免金属飞溅和涡流，提高充型能力。

⑧预热处理：对铸型进行预热处理可以减小铸型与金属之间的温差，降低金属的冷却速度，从而提高充型能力。

⑨压力条件：在某些铸造方法（如低压铸造、高压铸造）中，适当的压力可以提高金属的充型能力。

(3) 改善措施。

铸型结构和铸型材料均影响金属液的充型。铸型中凡能增大金属流动阻力、降低流速和提高金属冷却速度的因素均会降低合金的充型能力。

改善铸型的充填条件，主要措施有：

①最小壁厚：根据不同合金的特性，确定最小壁厚。为改善铸型的充填条件，在设计铸件时必须保证其壁厚（wall thickness）不小于规定的"最小壁厚"（见表7-1）。

表7-1　　一般砂型铸造条件下，铸件的最小壁厚

铸件尺寸（mm）	铸钢	灰口铸铁	球墨铸铁	可锻铸铁	铝合金	铜合金
<200×200	8	4~6	6	5	3	3~5
200×200~500×500	10~12	6~10	12	8	4	6~8
>500×500	15~20	15~20	—	—	6	—

②壁厚过渡：避免突然的厚度变化，采用逐渐过渡的设计，如圆角和

斜面。

③加强筋：在不影响结构强度的情况下，可以通过增加加强筋来提高局部强度，而不必增加整体壁厚。

④模拟分析：利用铸造模拟软件进行充型和凝固模拟，预测可能出现的问题并进行优化。

（二）合金的收缩性

1. 定义

收缩是指合金在冷却过程中由于温度降低而体积缩小的现象，它是铸造合金固有的物理性质。

2. 收缩阶段

任何一种液态合金注入铸型以后，金属从液态冷却到室温，要经历三个相互联系的收缩阶段。

液态收缩：当合金从液态冷却到固态时，液态部分的体积会缩小，这是由于液体在冷却时密度增加，体积减小。

凝固收缩：当合金开始结晶并转变为固态时，体积会进一步缩小，这是因为固态的密度通常比液态的密度大。

固态收缩：当合金完全凝固后继续冷却时，固态部分的体积也会缩小，这是由于材料在低温下的热膨胀系数较小，导致体积减小。

3. 合金收缩性的表达

液态合金收缩性的表达通常采用体积收缩率，即合金从液态冷却至室温过程中体积变化的百分比。固态合金的收缩性通常表现为合金各方向线尺寸的缩小，用线收缩率表示。几种铁碳合金的体积收缩率如表7-2所示，常用铸造合金的线收缩率如表7-3所示。

常用合金中，铸钢的收缩率最大，灰铸铁最小。浇注温度高，液态收缩大。铸件的收缩受铸型、型芯及其本身结构的阻碍，导致其不能自由收缩。

表7-2 几种铁碳合金的体积收缩率

合金种类	含碳量（%）	浇注温度（℃）	液态收缩（%）	凝固收缩（%）	固态收缩（%）	总体积收缩（%）
碳素铸钢	0.35	1610	1.6	3.0	7.86	12.46
白口铸铁	3.00	1400	2.4	4.2	5.4~6.3	12~12.9
灰铸铁	3.50	1400	3.5	0.1	3.3~4.2	6.9~7.8

表7-3 常用铸造合金的线收缩率

合金种类	线收缩率（%）
灰铸铁	0.8~1.0
白口铸铁	2.3
可锻铸铁	1.2~2.0
球墨铸铁	0.8~1.3
碳素铸钢	1.38~2.0
铝合金	0.8~1.6
铜合金	1.2~1.4
不锈钢	1.8~2.5
高锰钢	2.3
高铬钢	1.8~2.0

4．影响因素

（1）化学成分：合金的化学成分对其收缩行为有显著影响。不同元素的存在和比例会影响液态金属的流动性和凝固过程，从而影响收缩率。例如，碳在铸铁中的存在会增加其收缩率。

（2）温度：温度的变化是引起合金收缩的主要原因。当合金从液态冷却到固态时，体积会减小。冷却速度越快，收缩率通常越大。

（3）铸造工艺：铸造工艺的选择和参数设置也会影响合金的收缩。例如，在砂型铸造中，型砂的退让性和紧实度会影响铸件的收缩；而在压铸中，压射速度和压力对收缩有重要影响。

(4) 铸件结构：铸件的形状和尺寸也会影响收缩。复杂的形状和厚薄不均的部位可能导致局部应力集中，影响整体收缩。

(5) 热处理：热处理过程中的加热和冷却也会引起合金的收缩或膨胀。不同的热处理工艺会导致不同的微观组织变化，从而影响收缩率。

(6) 压力和应力：在某些情况下，外部施加的压力或内部产生的应力可能会影响合金的收缩。例如，在锻造或轧制过程中，压力会导致金属流动并改变其尺寸。

(7) 晶粒大小：晶粒大小对合金的收缩也有一定影响。一般来说，细小的晶粒会导致更大的收缩率，因为细小的晶粒更容易发生塑性变形。

三、常见缺陷

（一）凝固收缩的缺陷

1. 缩孔

(1) 产生原因：当合金液体冷却凝固时，由于体积收缩，在铸件最后凝固的部分形成孔洞。

(2) 产生位置：常集中在铸件的上部或厚壁处等最后凝固的区域。

(3) 形状特点：倒锥状，大而集中的孔洞，如图 7 - 3 所示。

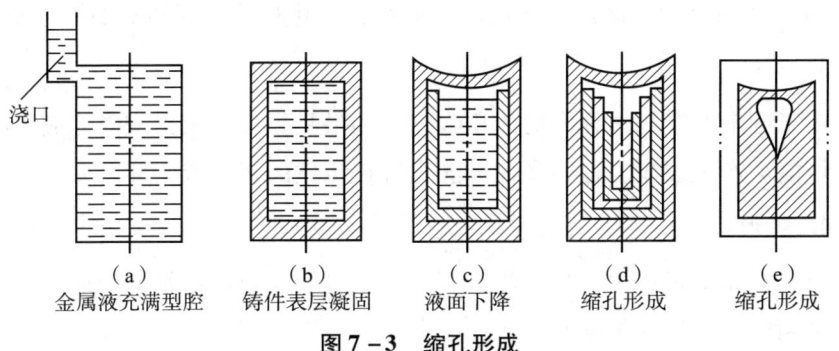

（a）金属液充满型腔　（b）铸件表层凝固　（c）液面下降　（d）缩孔形成　（e）缩孔形成

图 7 - 3　缩孔形成

资料来源：张建军. 工程材料与成型技术基础 [M]. 西安：西安交通大学出版社，2020.

（4）典型合金：具有逐层凝固特征的纯金属、二元共晶合金或结晶温度范围窄的合金。

2. 缩松

（1）产生原因：在合金凝固过程中，由于补缩不足，导致铸件内部出现的细小孔隙。

（2）产生位置：这些孔隙分布在晶粒之间，常分布在铸件壁的轴线区域及厚大部位。

（3）形状特点：细小而分散的孔洞，如图7-4所示。

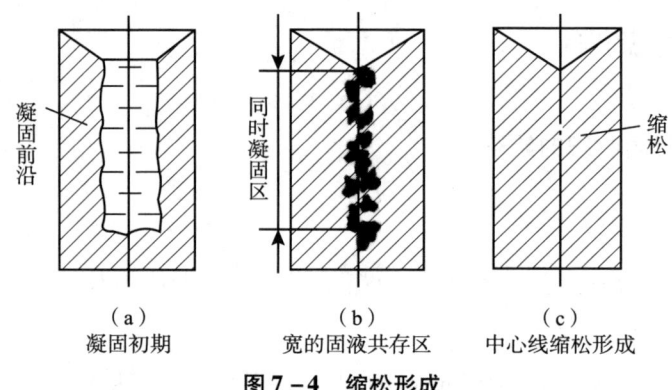

（a）凝固初期　（b）宽的固液共存区　（c）中心线缩松形成

图7-4　缩松形成

资料来源：张建军．工程材料与成型技术基础［M］．西安：西安交通大学出版社，2020．

（4）典型合金：结晶温度范围较宽的合金和断面温度梯度小的铸件。

3. 裂纹

由于合金在凝固过程中的体积收缩，如果受到外部阻力或内部应力的作用，可能会产生裂纹。这些裂纹可能出现在铸件的表面或内部。

4. 变形

合金在凝固过程中，如果收缩不均匀，可能导致铸件发生变形。这种变形会影响铸件的尺寸精度和形状。

5. 冷隔

在多层或多部分浇注的铸件中，如果液态金属在流入型腔时温度过低或流动性差，可能会导致金属流动前沿停滞，形成冷隔。这种缺陷会降低铸件的强度和致密性。

为了减少或避免这些凝固收缩缺陷，可以采取以下措施：

（1）合理设计铸件结构，避免厚薄不均和应力集中。

（2）选择合适的浇注系统，确保金属液能够平稳、均匀地流入型腔。

（3）控制浇注温度和速度，保证金属液具有良好的流动性。

（4）使用冒口和冷铁等工艺措施，促进顺序凝固和补缩。

（5）控制凝固顺序：通过控制铸型的冷却速度和凝固顺序，使合金从远离冒口的部分向冒口方向凝固，利用冒口中的合金液来补充收缩。

顺序凝固原则，使铸件的凝固按薄壁→厚壁→冒口的顺序先后进行，让缩孔移入冒口中，从而获得致密的铸件，如图 7-5 所示。实际生产中可通过合理设置冒口、安放冷铁来实现顺序凝固。

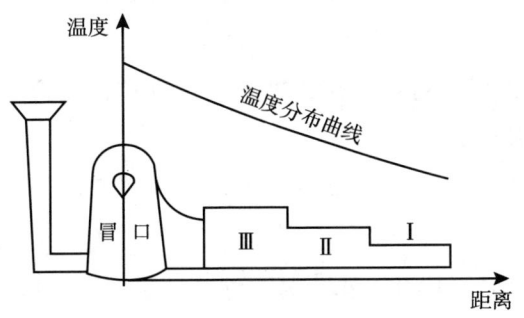

图 7-5　顺序凝固原则

资料来源：张建军. 工程材料与成型技术基础［M］. 西安：西安交通大学出版社，2020.

（6）进行适当的热处理，消除内应力，改善合金的组织和性能。

（二）固态收缩的缺陷

在铸造过程中，固态收缩是不可避免的，而由此产生的变形和开裂是常见的缺陷。这些缺陷的产生主要是由于以下几个原因。

（1）应力积累：在铸造过程中，铸件各部分冷却速度不一致，导致不同区域的收缩量不同。这种不均匀的收缩会在铸件内部产生应力。当应力超过材料的屈服强度时，就会导致变形；当应力超过材料的断裂强度时，就会导致开裂。

（2）约束条件：铸件在模具中或与其他结构连接时，其收缩受到外部约束。这种约束阻碍了铸件自由收缩，导致内部应力积累，从而增加了变形和开裂的风险。

（3）材料特性：不同材料的收缩率和弹性模量不同，这会影响其在固态收缩过程中的表现。一些材料可能更倾向于变形，而另一些则更容易开裂。

（4）工艺参数：铸造工艺的参数，如浇注温度、冷却速度、模具设计等，都会影响固态收缩及其导致的缺陷。例如，过快的冷却速度会增加应力积累的风险，而不合理的模具设计可能会限制铸件的自由收缩。

为了减少固态收缩引起的变形和开裂，可以采取以下措施：

（1）优化工艺参数：合理控制浇注温度、冷却速度等，以减小应力积累。

（2）设计合理的模具：确保模具设计允许铸件在收缩时有足够的自由度，减少约束应力。

（3）使用应力缓释材料：在铸件的关键部位使用应力缓释材料，可以吸收部分应力，减少开裂风险。

（4）预应力处理：通过热处理等方法，在铸件内部引入预应力，以抵消部分收缩应力。

通过以上措施，可以在一定程度上控制和减少固态收缩引起的变形和开裂，提高铸件的质量。

（三）铸造应力和铸件变形

1. 铸造应力

（1）定义：在铸造过程中，由于金属凝固和冷却时体积变化不均匀，导致铸件内部产生的机械应力。

（2）分类：按成因不同，铸造应力分为热应力、机械应力、相变应力等。

①热应力：由于铸件不同部位冷却速度不同，导致温度分布不均匀，从而产生的应力。

热应力在铸件冷却至室温后仍残留在铸件内的不同部位，其分布规律是厚壁或冷却慢的部分产生拉应力，有时会产生裂纹（见图7-6），薄壁或冷却快的部分形成压应力。

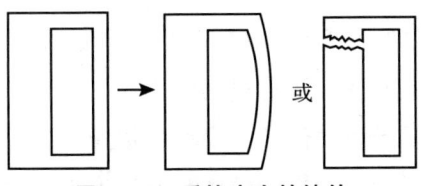

图7-6 受热应力的铸件

资料来源：张建军. 工程材料与成型技术基础［M］. 西安：西安交通大学出版社，2020.

②机械应力：由于铸件在凝固过程中体积收缩，但由于模具或其他部分的约束，不能自由收缩，从而产生的应力，如图7-7所示。机械应力一般都是拉应力。形成应力的原因消除后，应力也就消失，所以机械应力是一种临时应力。

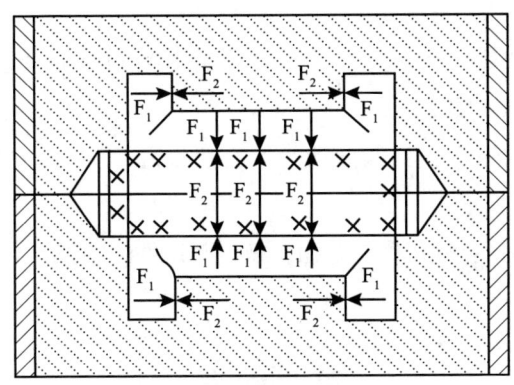

图7-7 机械应力

资料来源：张建军. 工程材料与成型技术基础［M］. 西安：西安交通大学出版社，2020.

③相变应力：铸件由于固态相变，各部分体积发生不均衡变化而引起的应力。一般铸造合金的相变应力较小。

2. 铸件变形

（1）定义：铸件变形是指在铸造过程中或之后，由于铸造应力的作用，铸件形状发生改变的现象。

（2）变形类型：常见的变形类型包括弯曲、扭曲、翘曲等，变形可以是局部的也可以是整体的。

（3）变形原因。

①不均匀的冷却和收缩：铸件各部分冷却速度和收缩量不同，导致变形。

②铸造应力：如前所述，铸造过程中产生的热应力和机械应力可能导致铸件变形。铸造应力是导致铸件产生变形的根源。

③模具和支撑的影响：模具的设计和支撑方式也会影响铸件的变形。

（4）变形规律：厚壁部分表面内凹，薄壁部分表面外凸；壁厚均匀的铸件，散热慢的表面内凹，散热快的表面外凸。

（5）减少铸造应力和防止铸件变形的措施。

①优化浇注系统：合理设计浇注系统，确保金属液平稳流入模具，减少冲击和湍流。

②控制冷却速度：通过控制冷却介质的温度和流量，尽量使铸件各部分冷却速度均匀。

③预留收缩余量：在模具设计时，预留适当的收缩余量，以补偿铸件在冷却过程中的体积收缩。

④采用应力消除工艺：如振动时效、热处理等方法，可以有效降低铸件内部的应力。

⑤改进模具设计：优化模具结构，减少对铸件的约束，允许铸件自由收缩。

第节

砂 型 铸 造

一、砂型铸造的特点及工艺过程

（一）砂型铸造的特点

（1）不受合金种类、铸件形状和尺寸的限制。

(2) 适应各种批量的生产。

(3) 造型简单、操作灵活、设备简单、生产准备时间短。

（二）砂型铸造的工艺过程

砂型铸造的工艺过程如图 7-8 所示。

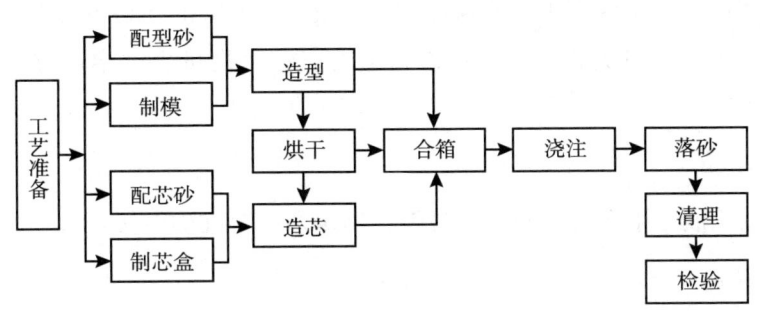

图 7-8 砂型铸造工艺过程

资料来源：姜巍，陈庆樟．工程材料及成型技术基础 [M]．西安：西安交通大学出版社，2020．

1. 工艺准备

首先要设计模具，确定需要铸造的零件形状和大小，设计出合理的铸造方案，包括锥度、圆角等放样数据；然后根据铸造方案，选择合适的模具材料和颗粒度的砂型，以及相应的砂芯。

2. 配砂与制模

配型砂：指在砂型铸造过程中，根据铸件的要求和铸造工艺的特点，将砂子、黏结剂（如黏土）、附加物及水等按一定比例混合而成的材料。这种材料主要用于制作砂型，以容纳和支撑金属液的凝固过程，最终形成所需的铸件。配型砂的过程需要严格控制各种原料的比例和混合质量，以确保型砂的性能满足铸造要求。

配芯砂：在配型砂之后，接着进行配芯砂的工作。这一步骤是为了准备用于制造砂芯的砂料，砂芯在铸造过程中起到形成铸件内部空腔的作用。

制模：制模是模具准备阶段的重要步骤，其目的是根据产品的需求和规格，制作出符合要求的模具。

3. 造型、烘干与造芯

造型：将模样放入下箱的砂子中，然后用刮板平整砂子，确保模样完全被覆盖，这个过程称为造型。

烘干：对于某些类型的砂型，可能需要在高温下烘烤以增加其强度和耐火性。如果是化学硬化砂，则无须烘烤，只需放置一段时间让其自然硬化。

造芯：砂芯主要用于形成铸件的内腔及尺寸较大的孔，也可以形成铸件的外形。最常用的造芯方法是用芯盒造芯。在大批量生产中，应采用机器造芯。

4. 合箱

将上箱放在下箱上，对准定位销，确保两部分准确对接。

5. 浇注

通过浇口将熔化的金属液体倒入砂型中，充满整个空腔。

6. 落砂

待铸件完全冷却后，打开砂箱，取出铸件。这个过程可能需要敲击砂箱以帮助分离砂子和铸件。

7. 清理

去除铸件上的多余部分（如浇口、冒口等），并进行必要的机械加工以达到最终尺寸精度和表面光洁度。

8. 检验

铸件检验是砂型铸造工艺过程中不可或缺的环节，通常在清理或加工阶段进行。检验内容可能包括铸件的尺寸、形状、表面质量、内部缺陷等，以确保铸件符合设计要求和质量标准。

二、造型材料及分类

（一）造型材料

制造砂型所需要的材料称为造型材料，主要包括型砂和芯砂。

型砂：主要用于形成铸件的外部形状。它通常由硅砂（主要成分是二氧化硅）和其他添加剂如黏土、水、煤粉等混合而成。黏土作为黏合剂，帮助砂粒黏在一起，形成坚固的砂型。煤粉则有助于防止砂型与熔融金属粘连，并改善排气性。

芯砂：主要用于制作铸件内部的空腔或复杂结构。芯砂的配比与型砂类似，但可能会根据具体需求添加更多的黏合剂或其他特殊材料以增强其强度和耐火性。芯砂通常被放置在砂型中，形成铸件的内腔或特定形状的部分。

（二）分类

根据完成造型工序的方法不同，砂型铸造可以分为手工造型和机器造型两大类。

1. 手工造型

（1）定义。

手工造型是指主要依靠人工来完成砂型制作的过程。

（2）造型特点。

优点：操作灵活；工艺装备（模样、芯盒、砂箱等）简单；生产准备时间短；适应性强，造型质量一般可满足工艺要求。

缺点：生产率低、劳动强度大、质量稳定性较差。

（3）分类及适用范围。

手工造型通常用于小批量生产或复杂形状的铸件。手工造型按砂箱特征可分为脱箱造型、两箱造型、三箱造型、地坑造型、组芯造型等。两箱造型应用较广，其造型结构如图7-9所示。

2. 机器造型

（1）定义。

机器造型是指利用机械设备来完成砂型的制作。

（2）造型特点。

优点：高效快速、质量稳定、减轻劳动强度。

缺点：初始投资大、灵活性差、技术要求高。

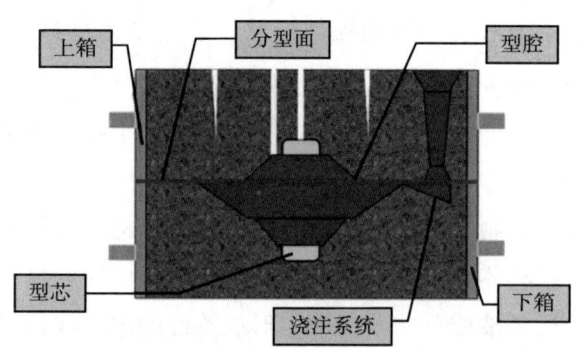

图7-9　两箱造型结构

资料来源：姜巍，陈庆樟. 工程材料及成型技术基础［M］. 西安：西安交通大学出版社，2020.

(3) 适用范围。

机器造型不能用于铸造，不宜生产大型铸件，不能用于三箱造型和活块造型。机器造型需使用专用设备，投资成本高，适合中小铸件的大批量生产。

三、铸造工艺

在铸造生产时，要根据零件的结构特点、生产批量、生产条件和技术要求等因素，确定铸造工艺方案。具体包括：确定铸件的浇注位置，选择分型面，确定铸件的主要工艺参数，进行浇冒口设计等。

（一）浇注位置和分型面的选择

浇注位置是指金属液进入砂型的位置。合理的浇注位置可以保证金属液平稳流入型腔，避免产生气孔、冷隔等缺陷。

分型面是指砂型被分成上下两部分的接触面。分型面的选择直接关系到砂型的制造和铸件的取出。

浇注位置和分型面的选择原则：

(1) 铸件的重要加工面应处于型腔底面或侧面。

(2) 铸件的大平面尽量朝下。

(3) 薄壁部分应在下部或侧面。

(4) 厚壁部分应在上部或侧面。

(5) 铸件尽可能在一个砂型内。

(6) 分型面尽量为平直面。

(7) 尽量减少型芯。

分型面确定的总原则是便于起模下芯,确定浇注位置的总原则是控制铸件的凝固和充满效果,保证铸件质量。

(二) 工艺参数的确定

铸造工艺参数是与铸件精度和造型(芯)等工艺过程有关的某些工艺数据。

制定铸造工艺图,一般需要确定下列工艺参数:

(1) 铸造收缩率。

(2) 机加工余量(RMA),它通常依据实际生产条件和有关资料确定。

(3) 起模斜度(垂直于起模方向的斜度),通常为3°~15°。

(4) 最小铸出孔和槽。铸件的最小铸出孔尺寸如表7-4所示。

表7-4　　　　　　铸件的最小铸出孔尺寸

生产批量	最小铸出孔直径(d/mm)	
	灰铸铁件	铸钢件
大量	12~15	—
成批	15~30	30~50
单件、小批	30~50	50

第三节 特种铸造

一、熔模铸造

熔模铸造,又称为精密铸造、失蜡铸造,是用易熔化的材料制造精确模样,在模样表面涂挂若干层耐火材料,经硬化脱蜡后制成无分型面的壳状铸型,浇注合金后获得铸件的一种铸造方法。

(一)工艺流程

熔模铸造与砂型铸造不同,采用蜡模代替木模,具体铸造工艺流程如图7-10所示,主要步骤如下所示。

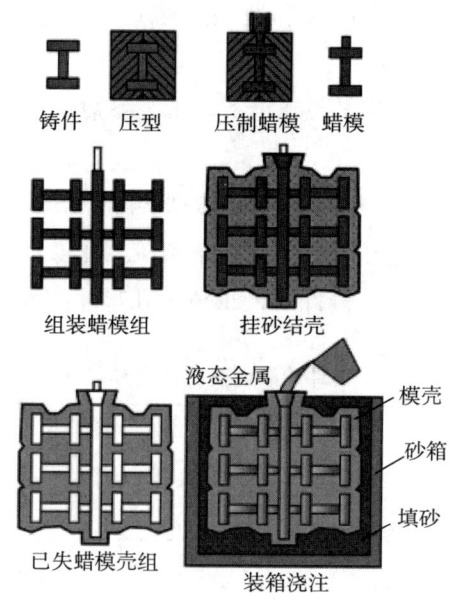

图 7-10 熔模铸造工艺流程

资料来源:姜巍,陈庆樟. 工程材料及成型技术基础[M]. 西安:西安交通大学出版社,2020.

(1)压型:根据铸件的具体要求,首先需要设计和制造出用于压制蜡模的模具,即压型。这个压型的设计必须非常精确,以确保压制出的蜡模能够满足后续铸造工艺的需求,并且与最终铸件的形状和尺寸保持一致。

(2)制成蜡模:使用设计好的压型,将易熔材料(通常是蜡料)压制成型,得到蜡模。这个过程中,需要控制压制的压力和温度,以确保蜡模的质量。压制好的蜡模应该具有光滑的表面和精确的尺寸。

（3）组装蜡模组：把若干个蜡模焊在一根蜡制的浇注系统上组装蜡模组。

（4）挂砂结壳：将蜡模组浸入水玻璃和石英粉配制的涂料中，取出后撒上石英砂，并放入硬化剂中进行硬化，如此重复数次，直到蜡模表面形成一定厚度的硬化壳。

（5）已失蜡模壳组：将带有硬壳的蜡模组放入80℃～90℃的热水中加热，使蜡熔化后从浇口中流出，进行脱蜡，形成已失蜡模壳组。

（6）装箱浇注：烘干并焙烧（加热到850℃～950℃）后，在型壳四周填砂，即可浇注，清理型壳即可得到铸件。

（二）熔模铸造的特点

1. 优点

（1）铸件精度和表面质量高，熔模铸造又称"熔模精密铸造"。

（2）适用于各种合金铸件，尤其适用于高熔点、难加工的高合金钢，如耐热合金、不锈钢等。

（3）可制造形状复杂的铸件，铸出孔最小直径为0.5mm，最小壁厚可达0.3mm。

2. 缺点

（1）受熔模及型壳强度限制，铸件质量不宜过大，一般不超过25kg。

（2）工艺过程复杂，生产周期长。

（三）熔模铸造的应用

熔模铸造主要用于成批生产形状复杂、精度要求高、熔点高、难切削的小型零件，如汽轮机叶片、切削刀具、变速箱的拨叉、枪支零件等，广泛应用于航空、船舶、汽车、拖拉机、机床、农机、电讯机械、仪表、刀具、武器等制造业中。

二、金属型铸造

将液态金属浇入金属铸型获得铸件的方法称为金属型铸造，又称硬模铸造。一副金属铸型壳使用几百次甚至上万次，故金属型铸造又称永久型铸造。

（一）金属铸型的结构形式

金属铸型根据分型面特点不同有多种形式，常见的有垂直分型式、水平分型式、复合分型式和铰链开合式，其中垂直分型式便于开设浇口和取出铸件，应用最广。

（二）工艺流程

（1）金属型预热：未预热的金属型导热性好，使金属液冷却过快，铸件容易出现冷隔、浇不足、夹杂、气孔等缺陷；铸型受到强烈的热冲击，热应力倍增，极易损坏。故在浇注前必须预热，预热温度应根据合金种类和铸件结构而定。

（2）喷涂料：金属型表面应喷刷一层耐火涂料，以保护型壁表面，避免受到高温合金液体的直接冲击和热腐蚀。还可改变冷却速度，蓄气和排气。

（3）浇注：由于其冷却速度快，浇注温度应比砂型铸造高20℃~30℃。

（4）开型、取出铸件、清理：铸件在型内停留时间越长，温度越低，收缩量越大，取出铸件越困难。但温度过高，铸件强度低，容易变形。因此合适的开型时间十分重要。

（三）金属型铸造的特点

（1）可实现"一型多铸"，节省材料和工时。
（2）对铸件冷却能力强。
（3）铸件尺寸精度高。
（4）成本高。

（四）金属型铸造的应用

金属型铸造主要适用于大批生产的有色合金铸件，如铝合金活塞、气缸体、气缸盖、油泵壳体、水泵叶轮及铜合金轴瓦、轴套等,对于铸铁、铸钢件,只限于形状简单的中、小件,如图 7-11 所示。

图 7-11 金属型铸件

资料来源:姜巍,陈庆樟. 工程材料及成型技术基础[M]. 西安:西安交通大学出版社,2020.

三、压力铸造

压力铸造,简称压铸,是一种将液态金属在高压下高速注入模具,并在压力下凝固成形的铸造方法。

(一)工艺流程

以卧式冷压室压铸机为例,工艺过程如下所示。

(1)预热金属铸型,喷涂料。

(2)合型,注入定量的合金熔液。

(3)合金熔液在高压作用下充满型腔并凝固。

(4)抽芯、开型、顶出铸件。

(二)压力铸造的特点

1. 优点

(1)铸件尺寸精度高,表面粗糙度低。压铸件可不经机加工直接使用。

(2)铸件内部组织细密,强度和表面硬度高。

（3）可铸出形状复杂的薄壁零件。

（4）便于采用镶嵌法。

（5）生产效率高。

2. 缺点

（1）金属液充型快，气体来不及排出，在铸件表皮下形成许多气孔。所以压铸件切削余量受限，否则气孔暴露出来，也不能进行热处理，不宜在高温下工作。

（2）压铸设备投资大，生产准备周期长。

（3）压铸铸铁和铸钢时，压铸型寿命短。

（三）压力铸造的应用

压力铸造主要用于有色合金（如铝合金、锌合金）的中、小铸件的大量生产。应用最多的是汽车、拖拉机制造业，其次是仪表、电子仪器、农机、医疗器械等制造业和国防工业等，如发动机气缸体、气缸盖，变速箱箱体、发动机罩等。

四、离心铸造

离心铸造是将液体金属浇入旋转的铸型中，使液体金属在离心力的作用下充填铸型和凝固成形的一种铸造方法。

（一）离心铸造的类型

离心铸造机按旋转轴的方位不同，可分为立式和卧式两种类型。图 7-12 为立式和卧式离心铸造机。立式机适宜铸造直径大于高度的圆环类铸件，卧式机适宜铸造长度大于直径的套类和管类铸件。

（二）离心铸造的特点

1. 优点

（1）铸件在离心力的作用下结晶，组织致密，基本上无缩孔、气孔等缺陷，力学性能好。

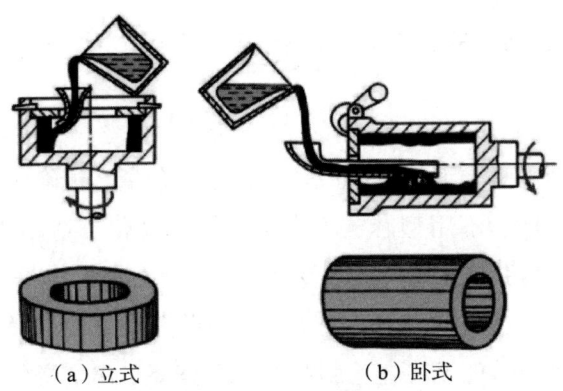

图 7–12 离心铸造机

资料来源：姜巍，陈庆樟. 工程材料及成型技术基础［M］. 西安：西安交通大学出版社，2020.

（2）铸造中空的套筒和管件不用型芯和浇注系统，生产过程简化，成本低。

（3）在离心力下充型，金属液充型能力高，可浇注流动性差的合金和薄壁铸件。

（4）便于铸造双金属铸件，如钢套镶铜轴承。

2. 缺点

（1）铸件易产生成分偏析，密度大的移向铸件表面。

（2）铸件内表面粗糙，质量偏差。

（三）离心铸造的应用

离心铸造广泛用于大口径铸铁管、缸套、双金属轴承、活塞环等的生产。

五、消失模铸造

消失模铸造（又称实型铸造）是将与铸件尺寸形状相似的石蜡或泡沫模型黏结组合成模型簇，刷涂耐火涂料并烘干后，埋在干石英砂中振动造型，在负压下浇注，使模型气化，液体金属占据模型位置，凝固冷却后形成铸件的新型铸造方法。

(一)消失模铸造的特点

1. 优点

(1) 铸件精度高。消失模铸造是一种近无余量、精确成型的新工艺。

(2) 不用起模、不用型芯、不合型,大大简化了造型工艺,减少了由制芯、取模、合型引起的铸造缺陷及废品。

(3) 采用干砂造型,极易实现落砂,改善劳动条件。

(4) 不分型,铸件无飞翅毛刺,使清理打磨工作量减少50%以上。

2. 缺点

(1) 气化模会造成空气污染。

(2) 泡沫塑料模具设计生产周期长,成本高。

(二)消失模铸造的应用

消失模铸造在复杂结构、高精度要求及批量生产中优势显著,尤其适用于汽车、航空航天和耐磨件领域。

六、连续铸造

连续铸造是一种先进的铸造方法。它是将熔融的金属不断浇入一种叫作结晶器的特殊金属型中,凝固了的铸件连续不断地从结晶器的另一端拉出,从而获得任意长度或特定长度铸件的一种方法。

(一)连续铸造的特点

1. 优点

(1) 金属冷却迅速,结晶致密,组织均匀,机械性能较好。

(2) 铸件上没有冒口,连续铸锭在轧制时不用切头去尾,节约了金属,提高了材料利用率。

(3) 无造型工序,因而减轻了劳动强度。

(4) 易于实现机械化和自动化,铸锭时还能实现连铸连轧,大大提高了生产效率。

2. 缺点

（1）应用范围受限：主要适用于断面形状单一的长铸件（如管材、板坯、棒材），难以生产复杂异形件或厚薄不均的铸件。

（2）设备投资与技术要求高：需配备结晶器、振动装置、拉矫机等专用设备，初期投资大。工艺参数（如冷却速度、浇注温度）需精准控制，操作不当易导致气孔、缩松等缺陷。

（3）材料适应性有限：高熔点合金（如钛合金）需特殊结晶器设计，且气化残留可能影响铸件性能。

（二）连续铸造的应用

连续铸造主要用于大批量生产等截面的长铸件、机械加工制造中的机械零件以及金属轧制成材的铸锭及坯料等领域。

七、挤压铸造

挤压铸造是指对定量浇入铸型型腔中的液态金属施加较大的机械压力，使其成形、结晶、凝固，而获得铸件的一种工艺方法。它是介于铸造和锻造之间的一种工艺，故亦称之为"液态模锻"，兼有两者的一些优点。

（一）工艺流程

（1）铸型准备：型腔内喷涂料、预热等。
（2）浇注：向铸型底部浇入定量金属液。
（3）合型加压：逐渐合拢型腔，液态金属被挤压、上升。
（4）完成：开型，取出铸件。

（二）挤压铸造的特点

1. 优点

挤压铸造的压力和速度较低，无涡流飞溅现象，成形时伴有局部塑性变形，铸件质量好，晶粒细小，组织致密，无气孔，无须开设浇冒口，金属利用率高。

2. 缺点

设备成本高：需专用挤压机和模具，初期投资大。

工艺限制：薄壁件（<3mm）难以生产，复杂零件成型难度大。

稳定性挑战：工艺参数（温度、压力）控制严格，易产生气孔或变形。

（三）挤压铸造的应用

挤压铸造在汽车轻量化、航空航天高强件及精密机械领域表现突出，但需克服设备成本与工艺复杂性挑战。其核心价值在于"以铸代锻"，降低生产成本的同时提升性能，未来有望在新能源与高端装备领域进一步扩展。

第四节

铸件结构设计

铸件设计，不仅要保证零件的工作性能和力学性能要求，而且要考虑铸造工艺和合金铸造性能对铸件的结构要求。铸件结构工艺性是指在铸造生产过程中，铸件的设计和结构是否符合生产工艺的要求，能否方便、高效、经济地进行生产和加工。铸件的结构工艺性是否良好对铸件的质量、生产率及成本有很大的影响。铸件结构设计不当会导致铸造缺陷，也可能在造型造芯时带来困难，影响生产效率。

一、铸造工艺对铸件结构的要求

（一）铸件的外形

1. 改进妨碍起模的凸台、凸缘、筋板的结构

铸件侧壁上的凸台（搭子）、凸缘、筋板等，常常妨碍起模，不得不增

加砂芯。所以，尽量改进，以简化铸造模具。

2. 尽量取消铸件外表侧凹

侧壁上如有凹入部分，常常妨碍起模，不得不增加砂芯。所以，尽量改进，以简化铸造模具。

3. 设计结构斜度

顺着起模方向的非加工表面应有结构斜度，以便于起模。

4. 去除不必要的圆角

有些外圆角对铸件质量影响不大，但却对造型和制芯等工艺过程有不良效果，应予以去除。

5. 减少和简化分型面

尽量采用平直分型面，减少曲面分型面。

（二）铸件的内腔

（1）改进铸件的内腔结构，减少砂芯数量。

（2）有利于砂芯的固定与排气和清理。

（3）应使铸件尽可能不用或少用型芯，这有助于简化铸造工艺，降低生产成本。

（4）铸件内腔的筋条分布、凸台、突缘设计应合理，避免造成型芯多、工艺复杂的情况。

二、合金铸造性能对铸件结构工艺性的要求

（一）铸件壁厚

1. 铸件应有合理的壁厚，避免浇不到缺陷

每一种合金都有其适宜的壁厚范围，砂型铸造条件下，所能浇注出的铸件最小壁厚如表 7-5 所示。铸件壁厚小于"最小壁厚"，易产生浇不到、冷隔等缺陷；铸件壁厚太厚，容易出现晶粒粗大，机械性能降低。

表 7-5　　砂型铸造条件下铸件的最小壁厚　　　　　　单位：mm

铸造方法	铸件尺寸	合金种类					
		铸钢	灰口铸铁	球墨铸铁	可锻铸铁	铝合金	铜合金
砂型铸造	<200×200	8	5~6	6	5	3	3~5
	200×20~500×500	10~12	6~10	12	8	4	6~8
	>500×500	15~20	15~20	15~20	10~12	6	10~12

2. 壁厚力求均匀

如果壁厚不均匀，铸件冷却也不均匀，在交接处易产生内应力、易于形成缩松、缩孔和裂纹。

3. 内壁厚度应小于外壁厚度

铸件内部的筋和壁等，散热条件较差，因此应比外壁薄些，以便使整个铸件的外壁和内壁能均匀的冷却，防止产生内应力和裂纹。

4. 壁厚分布应有利于补缩和实现顺序凝固

对于厚大件，应根据零件特点，设置冒口，进行补缩。

（二）壁的连接

（1）壁的连接处应有铸造圆角。

（2）两壁斜向连接时，避免锐角接头，而改用直角接头。

（3）尽量采用T型接头和环形接头，避免十字交叉接头。

（4）厚度不同的壁连接时应逐渐过渡，避免截面突变，形成应力集中。

（三）避免产生变形和开裂的结构

（1）细长易挠曲的铸件应设计成对称结构。

（2）大的平板件，应多布置加强筋，以免引起翘曲变形。

（3）较大的带轮、飞轮、齿轮的轮辐做成弯曲的、奇数的或腹板结构，防止铸造应力引起的开裂。

第七章 铸造成型

习 题

一、单选题

1. 下列因素中,影响合金流动性的最主要的因素是(　　)。
   A. 合金的成分　　　　　　B. 浇注温度
   C. 铸型温度　　　　　　　D. 充型压力

2. 采用顺序凝固原则时,冒口应开设于铸件的(　　)位置。
   A. 最后凝固的部位　　　　B. 厚大处
   C. 便于造型的位置　　　　D. 薄壁处

3. 铸造热应力过大将导致铸件产生变形或裂纹。消除铸件中残余热应力的方法是(　　)。
   A. 及时落砂　　　　　　　B. 去应力退火
   C. 提高型砂退让性　　　　D. 采用同时凝固原则

4. 在灰铸铁中,碳的主要存在形态是(　　)。
   A. 球状石墨　　　　　　　B. 团絮状石墨
   C. 片状石墨　　　　　　　D. 蠕虫状石墨

5. HT100、KTH300-06、QT400-18 的力学性能各不相同,主要原因是它们的(　　)不同。
   A. 碳的存在形式　　　　　B. 石墨形态
   C. 基体组织　　　　　　　D. 铸造性能

6. 在确定有大平面的铸件的浇注位置时,应使大平面尽量(　　)。
   A. 侧立　　　B. 置于斜面　　　C. 朝上　　　D. 朝下

二、判断题

1. 收缩较大、凝固温度范围较小的合金,如铸钢、碳硅含量低的灰铸铁、铝、青铜等合金以及壁厚差别较大的铸件，常采用顺序凝固原则。

（   ）

2. 采用同时凝固原则，可以防止铸件产生缩孔缺陷，但增加了造型的复杂程度，并耗费许多合金液体，同时增大了铸件产生变形、裂纹的倾向。

（   ）

3. 为防止铸件变形，应尽可能使铸件壁厚均匀，形状简单对称。

（   ）

4. 冷裂是铸件凝固后在较低温度下形成的。（   ）

5. 严格限制硫、磷含量，降低脆性，可避免铸件产生裂纹。（   ）

三、思考题

1. 简述砂型铸造工艺过程，并绘制工艺流程图。

2. 什么是液态合金的充型能力？它与合金的流动性有何关系？为什么铸钢的流动性比灰铸铁差？

3. 试分析铸件产生缩孔、缩松、变形和裂纹的原因及防治方法。

4. 熔模铸造、金属性铸造、压力铸造和离心铸造的特点各是什么？

第八章

塑性成形

第一节

材料塑性成形基础

一、概述

塑性成形是指对金属材料施加外力作用,利用金属的塑性使其产生塑性变形,从而获得具有一定的形状、尺寸、组织和性能的工件或毛坯。塑性成形利用金属的塑性能力,使其在固态状态下发生形状上的永久性改变,进而获得具有预设形状、精确尺寸、优化组织结构和所需性能的工件或初步成形的材料。这一过程也被称为压力加工或塑性加工。

在塑性成形的过程中,金属不仅经历了形态上的重塑,其内部组织结构也会因此变得更加致密,晶粒细化,提升金属材料的力学性能,如强度、韧性等。与其他的成形技术相比,塑性成形技术因其能够显著改善金属材料的微观结构和宏观性能,而显得尤为独特和重要。

因此,塑性成形是一种高效、精准的金属加工方式,它能够在不破坏材料完整性的前提下,实现金属材料形状与性能的双重优化。

二、常见的塑性成形方法

常见的塑性成形方法有轧制、挤压、拉拔、锻造、冲压五大类。轧制、挤压和拉拔(统称为轧挤拉工艺)虽然也可用于生产零件的毛坯,甚至能直接生产出机械零件,但它们的主要应用是生产金属原材料。相比之下,锻造和冲压(统称为锻压工艺)是生产毛坯和零件的重要方法。本章将重点介绍锻压加工的相关知识。

锻造工艺通常需要将金属坯料加热至高温塑性状态以进行加工,根据使用的设备和变形方式的不同,它可以分为自由锻和模锻两大类。而冲压加工则主要针对金属薄板,通常在常温下进行,因此也被称为板料冲压或冷冲压。对于较厚的板料,也可以在加热后进行冲压处理。

在锻造过程中,坯料经过塑性变形和再结晶,锻件的强度、韧性等力学性能优于具有相同化学成分的铸件。

第二节
自 由 锻

自由锻是一种金属加工方法,它利用冲击力或压力使金属在上下砧面间各个方向自由变形,不受任何模具的限制,从而获得所需形状、尺寸及一定机械性能的锻件。这种加工方法具有工具和设备简单、通用性好等特点,但锻件精度相对较低,加工余量大,劳动强度大,生产率不高,因此主要应用于单件、小批量生产,特别是在重型机器及重要零件的制造中较为常见。

一、自由锻的特点与应用

自由锻相较于其他锻造方法,其设备投资费用较低,主要依赖通用性工具辅助锻件成形,无须使用高昂造价的锻模,因此生产准备工作相对简化。然而,自由锻得到的锻件尺寸精度较低,材料利用率不高,生产率相对较低,且劳动强度较大,对工人的操作技能要求也较高。因此,自由锻主要适用于单件及小批量生产。但在面对大型锻件的生产时,自由锻是最重要的锻造方法。

二、自由锻的工序

常用的自由锻设备有空气锤、蒸汽—空气自由锻锤、液压机等。

自由锻的工序包括基本工序、辅助工序和修整工序。基本工序包括镦粗、拔长和冲孔等工序。辅助工序是为便于基本工序的操作所进行的工序。修整工序是为了提高在自由锻造基本工序以后锻件的质量而进行的修整过程。

（一）自由锻的基本工序

1. 镦粗

镦粗是一种锻造工序，其特点是使坯料的高度减小而横截面增大。这种工艺可以用于由横截面较小的坯料得到横截面较大而高度较小的锻件。镦粗分为完全镦粗和局部镦粗两种。完全镦粗是指对整个坯料进行镦粗，使材料整体高度减小，截面积增大。局部镦粗是指对材料的一部分进行镦粗，使材料局部高度减小，截面积增大。

镦粗的应用非常广泛，例如，在土木工程施工技术中，镦粗直螺纹钢筋连接技术就是先将钢筋端部镦粗，然后在镦粗段上制作直螺纹，再用肋螺纹的连接套筒对接钢筋。这种技术通过冷镦工艺扩大了钢筋端部横截面积，同时提高了钢材的屈服和极限强度，确保接头的强度高于钢筋母材的强度。

2. 拔长

使坯料横截面减小而长度增加的锻造工序，称为拔长。坯料在锤头和贴铁之间进行变形，通过控制它的局部变形量，使坯料整体的截面积减小、长度增加。这种工艺在金属加工和材料处理中非常常见，它能够有效地改变材料的形状和尺寸，以满足特定的应用需求。

3. 冲孔

将坯料冲出透孔或不透孔的锻造工序，称为冲孔。冲孔通常由冲头和冲模组成，冲头在加工过程中对材料施加压力，而冲模则对材料进行支撑，使其形成预定的形状。冲孔常用于制作金属板材、塑料板材等材料上的孔洞，以便于安装、连接或透气。冲孔具有速度快、成本低、精度高等优势，广泛应用于制造、建筑、电子、汽车等领域。

（二）自由锻工艺规程的制定

制定自由锻的工艺规程包括绘制锻件图、确定坯料的质量和尺寸、选择锻造工序等。这些步骤确保了在自由锻造过程中能够达到预期的锻件质量和性能。

1. 绘制锻件图

锻件图在锻造生产中占据重要地位。它是指导整个锻造过程的关键技术文件,通常根据零件图设计,包括加工余量、锻件公差、余块等。

(1) 加工余量是指锻件在机械加工过程中需切除的金属部分。自由锻工件的精度和表面质量都较差,因此所有要进行切削加工的表面,在锻件对应部位均需预留一层金属,即切削加工余量。此余量的大小依据锻件的形状、尺寸等因素决定,并结合实际生产情况确定。

(2) 锻件公差是指锻件尺寸所允许的偏差范围,其大小需综合考虑锻件的形状、尺寸以及实际生产条件。

(3) 锻件敷料,又称余块,是指在锻件上为了简化形状、便于锻造而额外增加的金属部分。由于自由锻工艺仅能锻造出形状相对简单的锻件,因此,对于零件上的小型凹槽、台阶、凸肩、法兰、孔等特征,在锻造时可留待后续的机械加工处理。

图 8-1 为台阶轴的典型锻件图。在锻件图中,粗实线表示锻件的最终轮廓,在尺寸线上方标注出锻件的主要尺寸和公差;双点画线表示零件的主要轮廓,并在锻件尺寸线的下面或右面用圆括号标注零件尺寸。

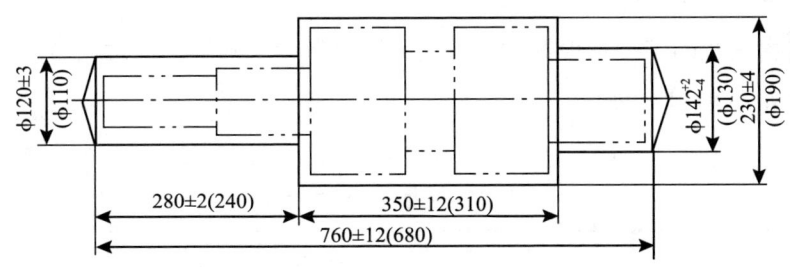

图 8-1　台阶轴的典型锻件图

资料来源:王槐德. 机械制图 [M]. 北京:高等教育出版社,2019.

2. 计算毛坯重量和尺寸

确定锻造成形工艺方案,主要指在锻造过程中,采用的工序及各工序的顺序，以及需要的火次等。

（1）计算毛坯重量。

毛坯重量为锻件重量与锻造时各种金属损耗的重量之和。计算毛坯重量时要考虑在自由锻造过程中和在加热过程中的损耗，如氧化烧损、氧化皮的脱落等。坯料重量按下式计算：

$$G_{坯料} = G_{锻件} + G_{烧损} + G_{料头}$$

式中：

$G_{坯料}$——坯料质量；

$G_{锻件}$——锻件质量；

$G_{烧损}$——加热时坯料因表面氧化而烧损的质量，第一次加热取被加热金属质量分数的2%～3%，以后各次加热取1.5%～2.0%；

$G_{料头}$——锻造过程中被冲掉的那部分金属的质量，如冲孔时坯料中部的料芯，修切端部产生的料头等。

（2）确定毛坯尺寸。

由于毛坯重量已知，再结合体积不变条件，便可算出毛坯体积。但是我们在自由锻造过程当中仅体积满足材料的要求还不够，在镦粗过程中，如果毛坯长度过长，就容易产生弯曲。因此一般要求毛坯高径比不得超过2.5，同时为了在下料时便于操作，毛坯高径比还应大于1.25。

3. 选择锻造工序

自由锻造的工序是根据工序特点和锻件形状来确定的，常见锻件的自由锻工序如表8-1所示。

表8-1　　　　　　　　　　常见锻件的自由锻工序

锻件类别	图例	锻造用工序
盘类锻件		镦粗、冲孔、压肩、整修
轴及杆类锻件		拔长、压肩、整修

续表

锻件类别	图例	锻造用工序
筒及环类锻件		镦粗、冲孔、在芯轴上拔长（或扩张）、整修
弯曲类锻件		拔长、弯曲
曲拐轴类锻件		拔长、分段、错移、整修

上述各种参数确定以后，需要制定自由锻造的规程卡。即将上述所确定的各种工艺参数、工艺规程等填到工艺卡片中作为在车间里面进行生产的技术依据，主要包括下料的方法、工序安排、火次、加热设备、加热及冷却规范、锻造设备、锻件的后处理等内容。

第三节　模　锻

利用模具使毛坯受压变形获得锻件的锻造方法称为模型锻造，简称模锻。

一、模锻的特点

与自由锻相比，模锻的生产效率高，锻件的形状和尺寸精确，且锻造流线比较完整，有利于提高锻件的力学性能和使用寿命，机械加工余量少，节省加工工时，材料利用率高，操作简单，劳动强度低。但模锻需专用设备和模具，投资较大，锻件重量较小，锻模成本高。

模锻的工艺特点：

（1）锻件内部组织和力学性能好。

（2）可以制成形状较为复杂的锻件。

（3）操作技术要求不高，易于实现机械化和自动化生产。

（4）锻模导向精度有限。

（5）模具损耗使模锻件的成本增加，所需锻造设备吨位较大。

二、模锻的分类和应用

常用的模锻设备有蒸汽—空气锤、锻造压力机、螺旋压力机和平锻机等。根据不同的锻造方法和不同的设备类型，可以对模锻进行以下分类：

（1）按使用的设备不同，模锻可分为锤上模锻、压力机上模锻。

（2）按金属流动方式不同，模锻又可分为开式模锻和闭式模锻。

（3）按锻件精度的不同，模锻可分为普通模锻和精密模锻。

（一）锤上模锻

在锻锤上进行的模锻称为锤上模锻。

常用的模锻设备有蒸汽—空气模锻锤、无座模锻锤、高速锻锤等，蒸汽—空气模锻锤是目前我国锻造生产中使用最为广泛的一种模锻方法。

1. 模锻结构

锤上模锻的锻模通常分作上模和下模，如图8-2所示。上模和下模闭合后形成封闭的空腔。下模通常固定到锻造设备的底座上，上模通常固定到锻锤的锤头上，可以随着锤头做上下方向的直线往复运动。坯料在模具的中间位置，锻造时，将坯料放在模具的下模上，上模随着锤头的移动对坯料产生打击力，在外力的作用下，金属材料发生塑性变形，充满整个模膛，从而获得与模具模膛形状结构尺寸一致的构件。

在锻造过程中，为保证金属材料能完整充满整个模膛，在准备坯料时，要多出富余量。在模具上下模之间留有飞边槽，以便多余的坯料有固定的流向。获得最终锻件后，需要将飞边槽中形成的飞边冲掉，这样就得到了一个完整的锻件。

第八章 塑性成形

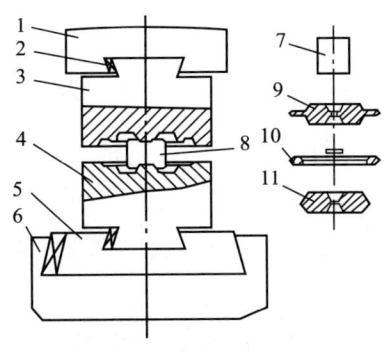

图 8-2 锻模结构

1-锤头；2-楔块；3-上模；4-下模；5-模座；6-砧铁；7-坯料；8-锻件；9-带飞边和连皮的锻件；10-飞边和连皮；11-锻件。

资料来源：李国庆．机械制造工艺与装备［M］．北京：机械工业出版社，2020．

2. 模锻工艺规程的制定

模锻工艺规程包括锻件图的制定、模锻工序的选择等。

（1）模锻件图的制定。

①分模面位置的选择。

坯料在模具中成形后，为保证能够顺利地把锻件从模具的模腔中取出，需要选择合适的分模面。根据金属成形原理和模具设计标准，分模面选择需遵循以下原则。

分模面的设计需要确保锻件能沿最大截面顺利脱模，模腔设计宜浅而宽以降低金属流动阻力；分模面轮廓需对称且优先采用平面，便于模具加工调整和及时察觉错模；金属流动方向需与分模面匹配，避免湍流和局部应力集中；需平衡材料利用率与后续加工便利性，减少敷料和侧孔设计；同时考虑模具寿命，避开高温区域并设计冷却通道；特殊场景如带孔件需水平布孔，曲面件分模面沿曲率延展以防止尖角损伤，多向模锻需模块化组合保精度。

分模面的选择如图 8-3 所示。

②加工余量、公差和余块的确定。

模锻时金属坯料是在锻模中成形的，尺寸较精确，加工余量和锻造公差都比自由锻时小。依据零件的形状尺寸和锻件的精度等级，或锻锤的吨位确定余量和公差（见表 8-2）。

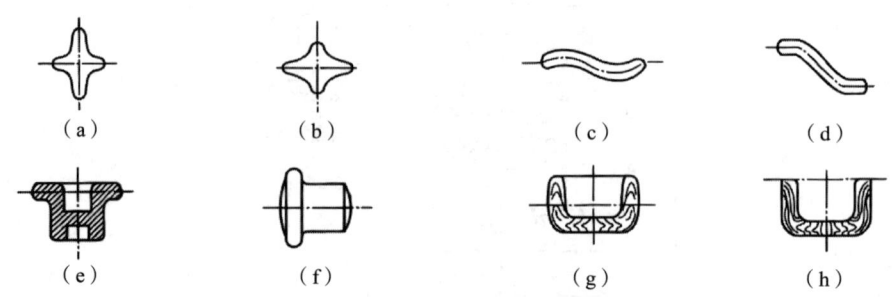

图 8-3 分模面的选择

资料来源：张世昌. 模具设计与制造［M］. 北京：高等教育出版社，2018.

表 8-2　　按锻锤吨位确定锻件余量及公差　　单位：mm

项目	锻锤吨位					
	1 吨	2 吨	3 吨	5 吨	10 吨	16 吨
尺寸	≤50	>50~120	>120~260	>260~500	>500~800	>800
单边余量	1~2	1.5~2.0	2~3	2.5~3.5	3.0~4.5	4~6
高压偏差	+1.0 -0.5	+1.5 -0.5	+1.5 -1.0	+2.0 -1.0	+2.5 -1.0	+3.5 -1.5

③模锻斜度的选择。

为使锻件便于从模膛中取出，锻件上与分模面垂直的表面都应有一定的斜度，即模锻斜度。模锻斜度不包括在加工余量之内，一般取 5°、7°、10°、12°等标准值。由于冷却引起收缩，锻件的内壁斜度应比相应的外壁斜度大一些（见图 8-4）。

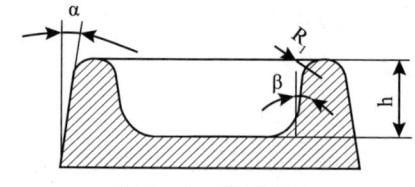

图 8-4 模锻斜度

④圆角半径的确定。

在模锻件上的拐角处需做圆角处理,以减少金属材料在模腔中流动时的阻力,同时保护模具不受损坏。外圆角半径取 1.5~3mm,内圆角半径为外圆角半径的 2~3 倍。

⑤冲孔连皮。

在模型锻造过程中,不能将所有通孔全部锻造出,对于有通孔结构的锻件,在绘制锻件图时,需要留有冲孔连皮结构(见图 8-5),在后续的机械加工中加工出通孔。

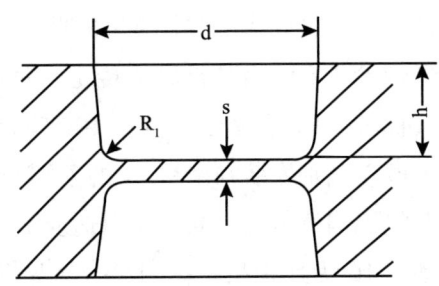

图 8-5 冲孔连皮

(2)模锻工序的选择。

模锻工序主要根据锻件的形状和尺寸来确定。模锻件按其形状可分为两大类:一类是长轴类零件,如台阶轴、曲轴、连杆、变速叉、弯曲摇臂等,其模锻工序通常采用拔长、滚压、预锻和终锻等工序,对于弯轴类零件,还要在预锻之前附加弯曲工序;另一类是盘类零件,如齿轮、十字轴、法兰盘等,其模锻工序一般采用镦粗或压扁模膛制坯后终锻成形,带孔锻件在终锻后应有冲孔工序切除飞边和冲孔连皮。

锻件除上述技术参数外,还有一些技术要求不便在技术图上表示的,可以在图纸上将这些技术要求注出。

(二)压力机上模锻

锤上模锻具有工艺适应性广的特点,但是模锻锤要求有庞大的砧座和基础，工作时振动和噪声大，能源消耗多，劳动条件差。压力机上模锻是在专用模锻设备上施加静压力，利用模具使毛坯成形而获得锻件的锻造方法。根据所采用的压力机的不同，又分为热模锻压力机上模锻、螺旋压力机上模锻、平锻机模锻。压力机上模锻生产效率高、劳动强度低、尺寸精确、加工余量小，并且能够锻制形状复杂的锻件，适用于批量生产。在模锻过程中，通过模锻锤或压力机将金属坯料锻压加工成形，这种工艺方法生产的锻件具有较高的尺寸精度和较小的加工余量，适用于生产结构复杂、质量要求高的零件。

热模锻压力机上模锻是一种较为先进的锻造方法。按照结构，热模锻压力机分为连杆式、双滑块式、楔式等。如图 8-6 所示为连杆式热模锻压力机。电动机 3 的运动经带轮 2 和 1 及传动轴 4 传至一对齿轮 6 和 7，再经过离合器 8 传至偏心轴（曲轴）9，然后通过连杆 10 带动滑块 11 沿导轨 15 作上下往复运动。上、下锻模分别安装在滑块 11 的下端和工作台 12 上。工作台做成楔形，可通过调整机构调节台面高度，以适应不同模具的需要。压力机上的离合器 8 和制动器 16 为连锁机构。当离合器松开时，大齿轮与偏心轴之间的联系断开，在制动器的作用下使滑块停在上死点的位置，为下一个行程做好准备。在滑块完成一次锻压操作后的上升过程中，上顶件装置 14 和下顶件装置 13 分别通过各自机构的作用将锻件从上模或下模中顶出。

热模锻压力机上模锻的优点有以下几个方面。

（1）滑块在锻造过程中维持恒定行程，确保每个变形阶段均能在单次滑块运动中实现，促进了生产流程的机械化和自动化，实现高效生产。滑块运动的高精度结合锻件顶出装置的配备，能够有效降低锻件的模锻斜度、加工余量及锻造公差，使锻件精度显著优于锤上模锻产品。

（2）热模锻压力机施加于坯料上的是稳定静压力而非冲击力，减缓了坯料的变形速率，有利于低塑性材料的加工。因此，对于那些在锤上模锻中难以成形的低塑性材料，可利用热模锻压力机进行锻造加工。

（3）在运行过程中产生的振动与噪声较低，显著改善了工作环境和劳动条件。但是模锻压力机也存在设备结构复杂、制造成本高昂且模具设计更为烦琐等局限。此外，由于滑块行程在锻造过程中不可调整，限制了其进行拔长、滚挤等特定工步的能力。

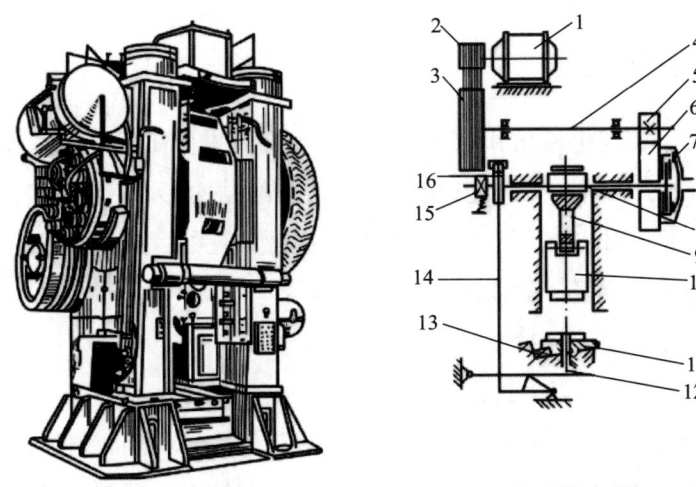

（a）外形构造　　　　（b）传动系统

图 8-6　连杆式热模锻压力机

注：1—大带轮；2—小带轮；3—电动机；4—传动轴；5—轴承；6—小齿轮；7—大齿轮；8—离合器；9—偏心轴；10—连杆；11—滑块；12—楔形工作台；13—下顶件装置；14—上顶件装置；15—导轨；16—制动器；17—轴承。

资料来源：王新华. 锻压设备及自动化［M］. 北京：机械工业出版社，2019.

热模锻压力机模锻尤其适用于大规模生产，尤其擅长锻造短轴类锻件。而在处理长轴类锻件时，则需结合周期性轧材作为初始坯料或先经辊锻设备预处理，以实现拔长、滚挤等必要工艺步骤。

第四节

板料冲压

板料冲压又叫冷冲压，是利用冲模使板料产生变形或分离，从而获得具有一定形状和尺寸的零件的工艺方法。冷冲压的坯料一般为小于4mm的板料、条料、带料等薄板，冲压时不需要加热，常用的设备有剪床和冲床。

一、冲压的特点与应用

（一）冲压的特点

（1）便于实现机械化和自动化，生产率高，操作简便，零件成本低。

（2）在冲压成形后，可以获得较为精确的结构形状尺寸，后续需要较少的机械加工，因此能达到节省原材料和能源消耗的目的。

（3）产品重量轻、强度高、刚性好。

（4）尺寸稳定，互换性好。

冲压工艺除具备以上优点外，还存在一定的局限性。

冲模制造复杂、成本高，只有在大批量生产条件下，其优越性才显得突出。变形冲压件的材料应有足够塑性与较低变形抗力。有加工硬化现象，严重时使金属失去进一步变形的能力。模具费用高，不宜单件小批量生产。

（二）冲压的应用

冲压工艺通过模具对金属板材施压实现分离或塑性变形，广泛应用于汽车、电子、航空航天及日用品领域。在汽车制造中，60%以上的零件为冲压件，涵盖车身覆盖件和结构件，材料多采用冷轧钢或铝合金；电子领域则聚焦精密部件和外壳组件，依赖高速冲床与级进模技术，公差可达±0.05mm。日用品领域以易拉罐、金属餐具为代表，通过多道拉伸工艺成形，而航空航天则利用热冲压加工钛合金轻量化零件。典型工艺包括冲裁、弯曲、拉伸及复杂曲面成形，适配材料从低碳钢到不锈钢、铝合金，满足不同强度与轻量化需求。

二、冷冲压基本工序

冲压加工的基本工序有分离工序和变形工序两大类。分离工序中根据轮廓是否封闭又可分为冲裁、修整、切断等；变形工序中包括拉深、弯曲、翻边、成形等。

第八章 塑性成形

（一）分离工序

分离工序是使坯料的一部分与另一部分相互分离来获得想要的形状，包括冲裁、修整、切断等工序。

1. 冲裁

冲裁是使坯料按封闭轮廓分离的工序。冲裁包括落料和冲孔两类。

落料：是指被分离的部分为成品，而周边是废料。

冲孔：是指被分离的部分为废料，而周边是成品。

冲裁过程如图 8-7 所示，包括弹性变形、塑性变形和断裂分离三个阶段。冲裁时板材的变形和分离过程对冲裁件质量有很大影响。当凸凹模间隙正常时，其过程可分为弹性变形、塑性变形和断裂分离三个阶段。凸模向下运动作用到板料上并对板料施加作用力，板料发生弹性变形。随着作用力的增加，使局部超过材料的屈服极限时，材料开始发生塑性变形。凸模进一步作用，施加到板料的力进一步增大，当局部应力超过材料的强度极限时，上下刃口附近的材料开始出现裂纹，凸模继续向下运动，材料出现断裂分离，实现冲裁。

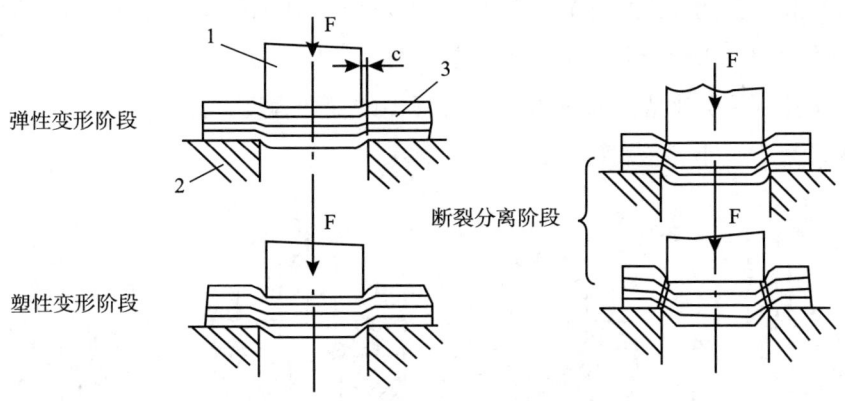

图 8-7 板料冲裁变形与分离过程

注：1-凸模；2-凹模；3-板料。
资料来源：肖景容. 冲压工艺学［M］. 北京：机械工业出版社，2020.

2. 修整

修整是利用修整模沿冲裁件外缘或内孔刮削一薄层金属，从而提高冲裁件的尺寸精度和降低表面粗糙度值。修整过程实质上是对冲裁后的工件进行切削的过程。

3. 切断

切断是指用剪刀或冲模将板料沿不封闭轮廓进行分离的工序，常用的设备是剪床。

（二）变形工序

变形工序是使板材坯料的一部分相对于另一部分产生位移而不破裂的工序，如拉深、弯曲、翻边、成形等。

1. 拉深

拉深是利用拉深模具使冲裁后得到的平板坯料变形成开口空心件的冲压工序。

拉深可以制成筒形、阶梯形、盒形、锥形及其他复杂形状的薄壁零件。

拉深过程如图 8-8 所示，把直径为 D 的平板坯料放在凹模上，使板材在凸模和凹模的间隙中进行塑性变形。在凸模作用下，坯料被拉入凸模和凹模的间隙中，形成直径为 d 的空心拉深件。

用拉深系数来表示板料在拉深过程中的变形程度，拉深系数为 $k = d/D$。拉深系数 k 越小，板材的拉深变形量越大。

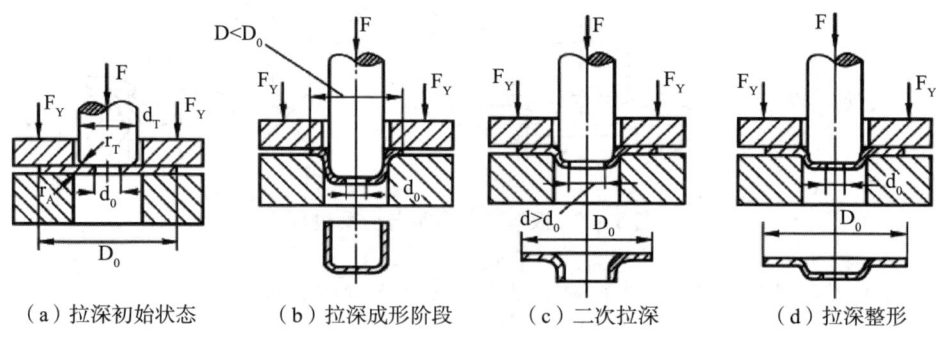

（a）拉深初始状态　　（b）拉深成形阶段　　（c）二次拉深　　（d）拉深整形

图 8-8　拉深过程及变形分析

当工艺参数设置不当或拉深系数过小时，可能会出现拉深缺陷。主要的缺陷形式有拉穿和起皱两种。

拉穿：一般出现在直壁与底部的过渡圆角处。防止拉穿方法：增大弯曲处圆角半径；控制拉深系数，采用多次拉深。

起皱：变形程度不合理，坯料边缘在切线方向受到压缩，产生波浪变形，导致起皱。防止起皱方法：采用压边圈。

在生产过程中可以采取以下预防措施：

（1）凸凹模需要有恰当的圆角，圆角半径与材料的性质和板材的厚度有关。

（2）凸凹模间隙适当，过大或过小的间隙都不利于产品质量提高。

（3）多次拉深，变形量过大时，采取多次拉深的方法，可以避免在每次拉深时变形量过大，从而避免拉深缺陷的产生。

（4）注意润滑，在模具和工件之间采取润滑措施，减少模具和工件之间的摩擦力，从而减小某些位置的应力。

（5）压边圈，对于起皱问题，采取加压边圈的措施可以有效的预防。

2. 弯曲

将坯料弯成一定的角度、一定的曲率的工序。弯曲时应尽可能使弯曲线与坯料纤维方向垂直，如图8-9所示。

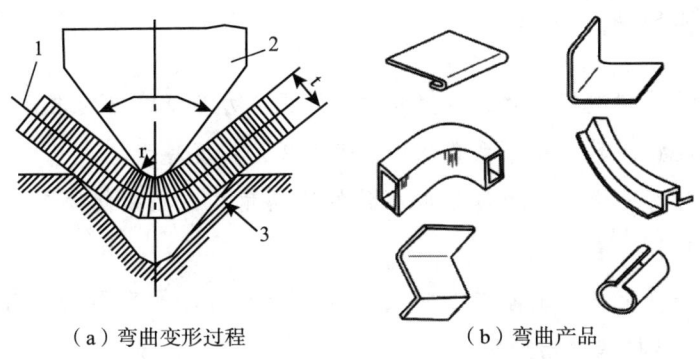

（a）弯曲变形过程　　　（b）弯曲产品

图8-9　弯曲变形过程及弯曲产品

注：1—中性层；2—凸模；3—凹模。

资料来源：钟毓斌. 冲压工艺与模具设计［M］. 北京：机械工业出版社，2022.

在进行弯曲时要注意以下情况：

（1）弯曲时弯曲半径不宜小于最小弯曲半径，以免弯裂。

（2）如果弯曲附近有孔时，应使孔的位置离开弯曲变形区，否则孔容易变形。

（3）弯曲边不能过短，否则难以获得形状准确的工件。

（4）考虑回弹。弯曲过程中，材料除了发生塑性变形外，还会产生弹性变形，当撤掉模具后，弹性变形部分会发生回弹。

3．翻边

在带孔的平坯料上用扩孔的方法使板料沿一定的曲率翻成直立边缘的冲压成形方法。

4．成形

成形是利用局部变形使坯料或半成品改变形状的工序。成形主要用于加工加强肋或增大半成品的部分内径等。

习　　题

一、判断题

1．在设计制造零件时，应使零件所受正应力与纤维方向垂直。（　　）

2．板料拉深时，拉深系数越小，表示变形程度越大。（　　）

3．设计弯曲模时，为保证成品件的弯曲角度，必须使模具的角度与成品件角度完全一样。（　　）

4．模锻件上平行于锤击方向（垂直于分模面）的表面必须有斜度，其原因是便于从模膛取出锻件。（　　）

二、思考题

1. 自由锻的工艺规程有哪些？编制的步骤是什么？
2. 钢的锻造温度范围如何确定？
3. 板材冲压工序中，哪个工序属于变形工序？
4. 冲孔和落料有何异同？
5. 拉深件常见的缺陷形式有哪些？
6. 弯曲时板料易产生什么样的缺陷？如何防止？

第九章

材料的连接技术

常用的连接技术有焊接、胶接、铆钉连接、螺纹连接、键连接、销连接等。可拆卸连接是指不必毁坏零件就可以拆卸，如螺栓连接、键连接，不可拆卸连接是指只有在毁坏零件后才能实现拆卸，如铆接、焊接。本章主要讨论在工业中非常重要的焊接技术，特别是广泛应用的熔化焊技术，此外也简要介绍铆接和胶接等其他连接技术。

第一节 焊接基本原理

焊接是一种连接加工方法，它通过加热或加压，或两者结合使用，并可能采用或不采用填充材料，促使工件实现原子间的结合。相较于机械制造工程中的其他连接方式，如螺钉连接、铆钉连接等机械连接形式，金属焊接的本质在于实现两部分金属之间的原子级结合。

本章所探讨的切割特指热切割，这是一种利用热能来实现材料分离的技术手段。常见的热切割方法包括切割、等离子弧切割以及激光切割等。

焊接方法种类较多，根据焊接过程的特点，可大致归纳为熔焊、压焊、钎焊三大类，如图 9-1 所示。

一、熔焊

熔焊是一种将待焊部位的母材，即被焊金属材料，加热至熔化状态而不施加压力，以形成焊缝的焊接方式，也称为熔化焊，实例包括气焊、电弧焊等。这些方法在工业生产中得到广泛应用，特别是在需要高强度和高质量焊缝的场合。熔焊的优点是可以连接不同材质和厚度的金属，且焊接速度快，生产效率高。然而，熔焊也存在一些缺点，如焊接过程中可能产生气孔、裂纹等缺陷，以及焊接接头的热影响区可能导致性能下降等。因此，在选择熔焊方法时，需要根据具体的工程要求和材料特性进行综合考虑。

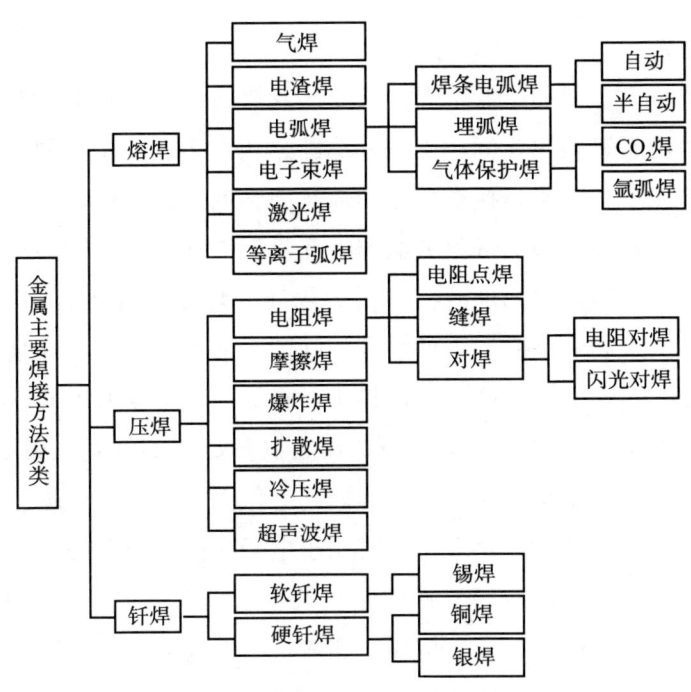

图9-1 焊接方法的分类

二、压焊

压焊，又称压力焊，是一种在焊接过程中必须对工件施加压力（加热或不加热）以完成焊接的方法。在加热或不加热状态下，对组合焊件施加一定压力，使其产生塑性变形或熔化，并通过再结晶和扩散等作用，使两个分离表面的原子达到形成金属键而起到连接材料的作用。加压可使两个焊件之间接触紧密，并在焊接部位产生一定的塑性变形，促使原子扩散而使二者焊接在一起。加热则进一步提高原子扩散能力，也使连接处晶粒细化。压焊的类型众多，常用的包括电阻焊、锻焊、接触焊、摩擦焊、气压焊、冷压焊、爆炸焊等。其中，电阻焊是应用最广泛的一种，它利用电流通过两工件的连接端时产生的电阻热使工件加热至塑性状态，然后在轴向压力作用下连接成为一体。压焊作为一种现代技术，在多个领域有着广泛的应用，包括国防、航空、航天、石油、化工、机械制造等。

三、钎焊

钎焊的特点在于利用低于焊件熔点的钎料与焊件同时加热至钎料熔化温度，随后液态钎料填充固态工件的缝隙，从而实现金属间的连接。在钎焊过程中，先要去除母材接触面上的氧化膜和油污，以便钎料熔化后的毛细管能够发挥作用，增加钎料的润湿性和毛细流动性。当钎料和焊件被加热到稍高于钎料熔点的温度时，钎料熔化（而焊件本身不熔化），并通过毛细作用被吸入和充满固态工件之间的间隙。液态钎料与工件金属相互扩散溶解，冷凝后即形成牢固的钎焊接头。根据钎料熔点的不同，钎焊可分为硬钎焊和软钎焊。硬钎焊使用的钎料熔点较高，如铜基、银基、铝基、镍基等合金，适用于承受较大载荷和较高工作温度的场合。软钎焊则使用熔点较低的钎料，如锡铅合金，主要用于电子元件和线路的焊接。钎焊在工业生产中有着广泛的应用，特别是在航空航天、汽车制造、电子电气、制冷空调、精密机械等领域。例如，在航空航天领域，钎焊被用于连接蜂窝结构板、透平叶片等复杂构件；在汽车制造中，则用于连接排气系统、冷却系统等部件。

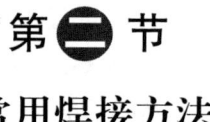

第二节 常用焊接方法

一、焊条电弧焊

焊条电弧焊是指使用电弧作为热源将焊条与金属材质相连焊接的一种熔

焊方法。在这个过程中，焊条作为一极，工件作为另一极，当两极接近时产生电弧。电弧放电（俗称电弧燃烧）所产生的热量将焊条与工件熔化，并在冷凝后形成焊缝，从而获得牢固的接头。电弧焊由电弧、焊条和保护气体（在某些情况下）共同组成。

（一）焊条电弧焊的特点与应用

焊条电弧焊的焊缝成形过程如图9-2所示，焊接时，先将焊接输出端部分和焊件的焊前部分相连，用焊前夹持焊条焊接时，先在焊件与焊条之间引燃电弧，由电弧产生的热量使焊条和焊件熔化并形成熔池，随着焊条的移动，被熔化的金属迅速冷却凝固，形成焊缝，使两个焊件变为一体。

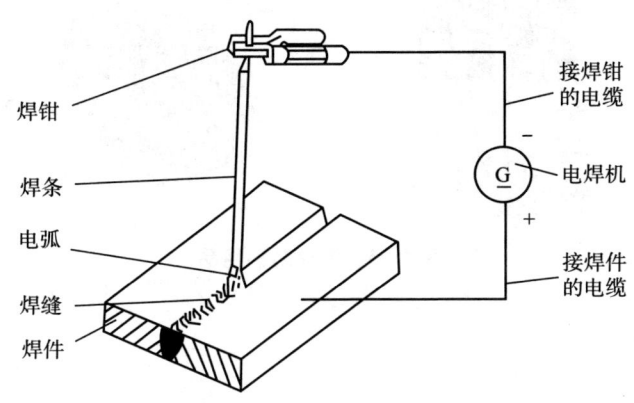

图9-2 焊条电弧焊的焊缝形成过程

资料来源：李亚江. 焊接技术基础 [M]. 3版. 北京：机械工业出版社，2020.

焊条电弧焊有以下特点：设备简单，操作方便，对空间不同位置、不同接头形式都能进行焊接，焊条电弧焊是实际生产中应用最为广泛的焊接方式。但焊条电弧焊焊接时有强烈的弧光和烟尘，劳动条件差并且生产效率低，劳动强度大，对焊工的技术水平要求高，焊接质量不易保证。

焊条电弧焊一般用于单件小批量生产中焊接碳素钢、低合金结构钢、不锈钢及铸铁的焊补。

（二）焊条电弧焊的设备及工具

焊条电弧焊的设备是电弧焊机，它是产生焊接电弧的电源，其作用是为焊接提供电流。焊接时可根据焊件的厚度、焊条直径以及焊接方法的不同选择所需要的电流。按电流种类的不同，电弧焊机有交流弧焊机和直流弧焊机两类。

进行焊条电弧焊时应备有下列各种工具和辅助工具：电焊钳、电焊面罩、电焊手套和脚套、焊条保温筒、清渣锤、角向磨光机等。手套和防护面罩能保护操作者皮肤、眼睛免受灼伤（见图9-3），清渣锤和钢丝刷用来清除焊缝表面渣壳等。

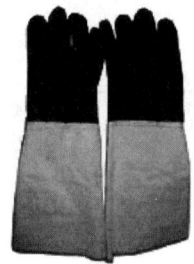

图9-3　焊接防护用品

（三）焊条

1. 焊条的组成和作用

焊条包括焊芯和药皮两部分，如图9-4所示。

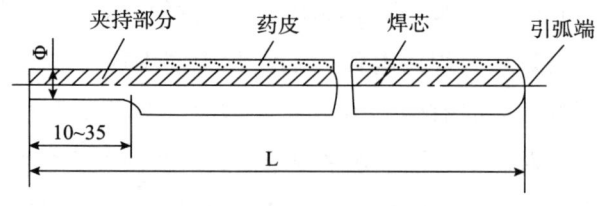

图9-4　焊条的组成

资料来源：张文钺. 焊接冶金学［M］. 2版. 北京：机械工业出版社，2018.

第九章
材料的连接技术

焊芯是一条具有一定直径和长度的金属丝,在焊接过程中能够作为电极传导电流,产生的电弧可以为焊接提供热源,同时,焊芯熔化后能够作为填充金属与熔化的焊件形成焊缝。

焊芯采用焊接专用金属丝(称为焊丝),通常是碳、硫、磷含量较低的钢丝。结构钢焊条的焊芯常用牌号是 H08A 等,不锈钢焊条的焊芯采用不锈钢焊丝。表 9–1 是几种常用焊丝的化学成分示例。

表 9–1　　　　　　　常用焊丝的化学成分示例　　　　　　单位:%

焊丝牌号	C	Mn	Si	Cr	Ni	Mo	Ti	S	P
								不大于	
H08A	≤0.10	0.30~0.55	≤0.03	≤0.20	≤0.30			0.030	0.030
H08E	≤0.10	0.30~0.55	≤0.03	≤0.20	≤0.30			0.020	0.020
H08Mn2SiA	≤0.11	1.80~2.10	0.65~0.95	≤0.20	≤0.30			0.030	0.030
H10Mn2	≤0.12	1.50~1.90	≤0.07	≤0.20	≤0.30			0.035	0.035
H08CrMoA	≤0.10	0.40~0.70	0.15~0.35	0.80~1.10	≤0.30	0.40~0.60		0.030	0.030
H0Cr20Ni10Ti	≤0.06	1.00~2.50	≤0.60	18.50~20.50	9.00~10.50		$9\times w_c$~1.00	0.020	0.030
H00Cr21Ni10	≤0.03	1.00~2.50	≤0.60	19.50~22.00	9.00~11.00			0.020	0.030

由表 9–1 可见,焊丝的碳质量分数通常都很低,有害杂质少,有一定质量分数的合金元素。焊丝牌号中的"E"表示特级优质钢,其硫、磷的质量分数不大于 0.020%。

常用焊芯直径(作为焊条直径)有 2.0mm、25mm、3.2mm、4.0mm、5.0mm、6.0mm、8.0mm 等,长度常在 250~450mm。

药皮是压涂在焊芯表面的涂料层,由稳弧剂、造渣剂、脱氧剂、合金剂、黏结剂等组成。在焊接过程中起到提高焊接电弧的稳定性,防止空气对熔化金属的侵害的作用。同时保证焊缝金属具有合乎要求的化学成分和力学性能。

2. 焊条的种类、型号和牌号

(1) 焊条的种类。

焊条按用途不同分为十大类:结构钢焊条、钼和铬钼耐热钢焊条、低温钢焊条、不锈钢焊条、堆焊焊条、铸铁焊条、镍及镍合金焊条、铜及铜合金焊条、铝及铝合金焊条、特殊用途焊条。

结构钢焊条按药皮性质不同可分为:

酸性焊条:药皮中含有多量酸性氧化物(如 SiO_2、MnO_2 等)。

碱性焊条:药皮中含有多量碱性氧化物(如 CaO 等)和萤石(CaF_2)。由于碱性焊条药皮中不含有机物,药皮产生的保护气氛中氢含量极少,所以又称为低氢焊条。

(2) 焊条的型号。

焊条型号是国家标准中规定的焊条代号,标准规定,焊条型号由字母"E"和四位数字组成:Exxxx

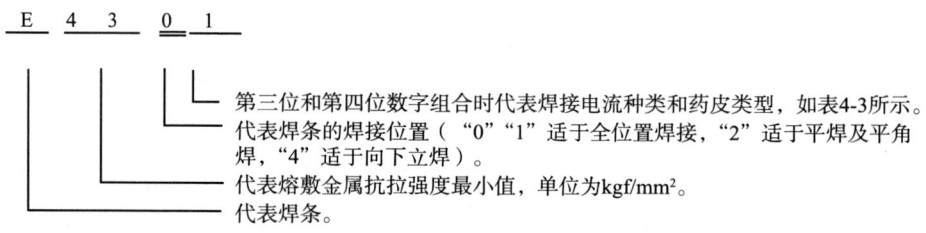

(3) 焊条的牌号。

焊条牌号以大写拼音字母或汉字表示焊条的类别,后面跟三位数字,前两位表示焊缝金属抗拉强度等级(kgf/mm^2)。

第三位数字表示焊条药皮类型和焊接电流种类。

如 J422 中,"J"表示结构钢焊条,"42"表示熔敷金属抗拉强度不低于 42kgf/mm^2，"2"表示药皮为氧化钙型，交流、直流电源均可使用。

3. 焊条的选用

选用焊条要考虑焊缝金属和母材具有相同水平的使用性能。

（1）对于一般结构钢焊件，通常按"等强原则"选取相应强度等级的焊条。

（2）对于不锈钢、耐热钢焊件，则需侧重考虑相同的化学成分。

（3）在普通环境下工作的一般焊件，尽量选取价格便宜的酸性焊条。

（4）受动载荷、高温、高压或低温作用的重要焊件，则应选取低氢焊条。

（5）如果现场没有直流焊机，则可选择交、直流两用的稳弧低氢型焊条。

酸性焊条和碱性焊条的选择：

在焊接过程中，药皮会熔化形成熔渣。根据熔渣的性质，焊条可分为碱性焊条和酸性焊条。

（1）碱性焊条焊缝金属力学性能好、抗裂性好。熔渣主要由碱性氧化物组成，对焊缝金属的氧化性很小，冶金处理效果好。焊接时药皮分解出 CO_2 作为保护气体，氢含量低，焊缝金属含氢量低，综合力学性能好，特别是塑性和韧性较高。但碱性焊条焊接工艺性差，对油污、铁锈的敏感性大。碱性焊条一般用于直流反接焊接。

（2）酸性焊条熔渣主要由酸性氧化物组成，对焊缝金属有强氧化性，可能导致合金元素烧损。焊缝金属中氢和氧含量较高，影响其塑性和韧性。对铁锈、油污及水分引起的气孔敏感性较小，工艺性较好，酸性焊条适合各种电源。

焊条类型选定后，还要根据焊件厚度等条件，确定焊条直径。

（四）焊条电弧焊的特点

1. 工艺灵活、适应性强

对于不同的焊接位置、接头形式、焊件厚度及焊缝，只要焊条所能达到的任何位置，均能进行方便的焊接。对一些单件、小件、短的、不规则的空间任意位置的焊缝和不易实现机械化焊接的焊缝，更显得机动灵活，操作方便。

2. 应用范围广

焊条电弧焊的焊条能够与大多数焊件金属性能相匹配，因而，接头的性能可以达到被焊金属的性能。焊条电弧焊不但能焊接碳钢和低合金钢、不锈钢及耐热钢，对于铸铁、高合金钢及非铁金属等也可以用焊条电弧焊焊接。此外，还可以进行异种钢焊接和各种金属材料的堆焊等。

3. 易于分散焊接应力和控制焊接变形

由于焊接是局部的不均匀加热，所以焊件在焊接过程中都存在着焊接应力和变形。对结构复杂而焊缝又比较集中的焊件、长焊缝和大厚度焊件其应力和变形问题更为突出。采用焊条电弧焊，可以通过改变焊接工艺，如采用跳焊、分段退焊、对称焊等方法，来减少变形和改善焊接应力的分布。

4. 设备简单、成本较低

焊条电弧焊使用的交流焊机和直流焊机，其结构都比较简单，维护保养也较方便，设备轻便而且易于移动，且焊接中不需要辅助气体保护，并具有较强的抗风能力。故投资少，成本相对较低。

5. 焊接生产率低、劳动强度大

由于焊条的长度是一定的，因此每焊完一根焊条后必须停止焊接，更换新的焊条，而且每焊完一焊道后要求清渣，焊接过程不能连续地进行，所以生产率低，劳动强度大。

6. 焊缝质量依赖性强

由于采用手工操作，焊缝质量主要靠焊工的操作技术和经验保证，所以，焊缝质量在很大程度上依赖于焊工的操作技术及现场发挥，甚至焊工的精神状态也会影响焊缝质量。且不适合活泼金属、难熔金属及薄板的焊接。

现阶段，焊条电弧焊依然是应用最为广泛的焊接方法之一。通常情况下，焊条电弧焊技术适用于单件小批量生产，尤其适合焊接厚度超过2mm的工件，能够处理各种焊接位置上的短小、不规则焊缝，以及焊机难以触及部位的焊接作业。实施焊条电弧焊的前提是必须有稳定的电源供应和相匹配的焊条,对于钛等易氧化金属,焊条电弧焊并不适用。目前,我国已研发出薄板焊条电弧焊机及特细焊条电弧焊机(焊条直径范围为 1.0~1.6mm),使得焊接厚度在 1~2mm 之间的低碳钢薄板结构成为可能。

二、气体保护焊

在焊接区内喷入保护气体,作为电弧介质将熔池与空气隔开,达到保护熔化金属的电弧焊方法称为气体保护焊。常用的有氩弧焊和 CO_2 气体保护焊两种。气体保护焊的优点是电弧、熔池可见性好,无须焊后清理;缺点是焊接过程中要有防风措施。

(一)氩弧焊

氩弧焊是用氩气作为保护剂的气体保护焊。按电极在焊接过程中是否熔化,分为熔化极氩弧焊和非熔化极氩弧焊两种。熔化极氩弧焊是以连续送进的焊丝作为电极,焊丝既是电极也是填充金属,而非熔化极氩焊是以高熔点的钍钨棒或铈钨棒作为电极,焊接过程中钨极不熔化,只起到导电和产生电弧的作用,填充金属由另外的焊丝提供,故又称钨极氩弧焊。图 9-5 为氩弧焊。

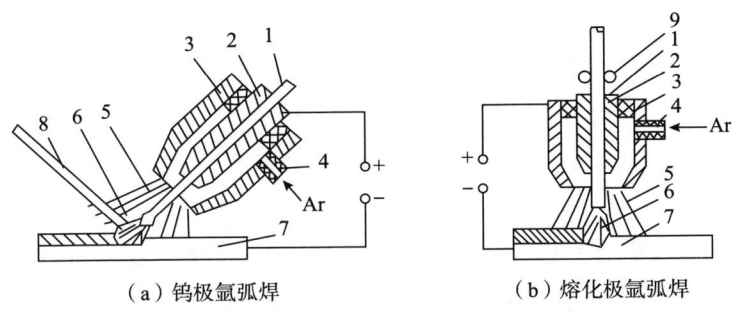

(a)钨极氩弧焊　　(b)熔化极氩弧焊

图 9-5　氩弧焊

注:1-焊丝或电极;2-导电嘴;3-喷嘴;4-进气管;5-氩气流;6-电弧;7-工件;8-填充焊丝;9-送丝滚轮。

资料来源:陈祝年. 现代焊接技术[M]. 2 版. 北京:机械工业出版社,2021.

由于氩气是惰性气体，因而能有效地保护熔池，获得高质量的焊缝。氩弧焊是一种明弧焊，便于观察，操作灵活，适用于全位置焊接。氩气价格昂贵，焊接成本高，焊前清理要求严格。

目前，氩弧焊主要用于焊接易氧化的非铁金属材料以及高强度合金钢、不锈钢、耐热钢等。

（二）CO_2气体保护焊

CO_2气体保护焊是用CO_2作为保护气体的电弧焊方法，如图9-6所示，电焊机的两极分别接在导电嘴和焊电上，焊丝由送丝机构经导电嘴送出，与焊件一同熔化形成溶池。同时，二氧化碳气体以一定流量经喷嘴喷出，形成保护气流，防止空气吸入，从而保证焊缝质量。

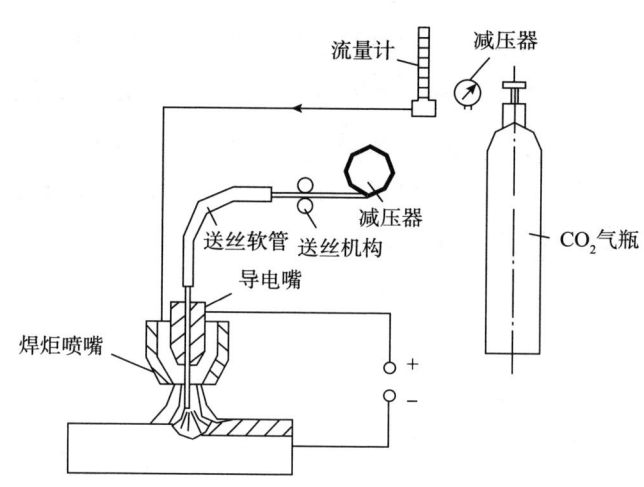

图9-6 CO_2气体保护焊

CO_2气体保护焊的特点：

（1）焊接成本低，生产率高，焊接质量好，操作方便。

由于CO_2气体保护焊的焊接电流密度大，使焊缝厚度增大，焊丝的熔化率提高，熔敷速度加快；另外，焊丝又是连续送进，且焊后没有焊渣，特别是多层焊接时，节省了清渣时间，所以生产率比焊条电弧焊高1～4倍。

(2) 使用大电流焊接时，焊缝表面成形较差，飞溅较多，飞溅较大，烟雾较多，弧光强烈，若操作不当，容易产生气孔等缺陷。

(3) 很难用交流电源焊接及在有风的地方施焊。

(4) 弧光较强，故应特别重视对操作者的劳动保护。

CO_2 气体保护焊适用于低碳钢和强度级别不高的低合金钢材料，主要是薄板焊接，目前广泛应用于造船、机车车辆、汽车制造、农业机械等行业。由于 CO_2 气体保护焊的优点显著，而其不足之处，随着对 CO_2 气体保护焊的设备、材料和工艺的不断改进，将逐步得到完善与克服。因此，CO_2 气体保护焊是一种值得推广应用的高效焊接方法。

三、其他焊接方法

（一）压焊

在固态下，利用压力将母材接头焊接，加热只起着辅助作用，有时不加热，有时加热到接头的高塑性状态，或使接头的表面薄层熔化。

1. 电阻焊

电阻焊又称接触焊，利用电流通过焊接接头的接触面时产生的电阻热将焊件局部加热到熔化或塑性状态，在压力下，形成焊接接头。按接头形式的不同，可分为点焊、凸焊、缝焊和对焊等类型。

（1）点焊。

点焊，焊件装配成搭接接头，并压紧在两个柱状电极之间，形成焊点。点焊广泛地用于薄钢板件、钢筋及构架的连接。

（2）凸焊。

凸焊，由点焊演化而来，通常是在两板件之一上做出凸点，然后进行焊接。

凸焊主要用于焊接低碳钢和低合金钢的冲压件。

凸焊的种类：除板件凸焊外，还有螺帽、螺钉类零件的凸焊、线材交叉凸焊、管子凸焊和板材T形凸焊等。

(3) 缝焊。

缝焊，与点焊原理相似，只是电极为一对转动的铜滚轮（盘状电极）。电极与工件作相对运动，从而产生一个个熔核相互搭叠的密封焊缝。

缝焊广泛应用于油桶、罐头罐、暖气片、飞机和汽车油箱等密封容器的薄板焊接。

(4) 对焊。

对焊，利用电阻热使两被焊工件沿整个接触面（端面）焊合，分为电阻对焊和闪光对焊。

对焊主要应用于工件的接长（如带钢、型材、线材、钢筋、钢轨、钢管、石油和天然气输送等管道的对焊）、环形工件的对焊（如汽车、自行车、摩托车轮圈、轮辋的对焊、各种链环的对焊等）、部件的组焊（将简单轧制、锻造、冲压或机加工件对焊成复杂的零件，以降低成本）。

2. 摩擦焊

摩擦焊是利用工件接触面摩擦产生的热量为热源，将工件端面加热到塑性状态，然后在压力下使金属连接在一起的焊接方法。

摩擦焊适合于焊接杆件和管件，工艺简单、质量好，劳动条件好，生产率高，耗电量少，易于机械化和自动化。生产线上广泛用于发动机燃烧室、排气阀、轴、轴套、杆件、管子与法兰、石油钻杆和钻芯的连接和变截面杆件的连接。也常用于异种金属焊接，如铝与铜、钢、镍、镁合金，铜与钢、银等。

（二）钎焊

钎焊是采用比母材熔点低的金属材料作钎料，将焊件和钎料加热到钎料熔点、低于母材熔化的温度，利用液态钎料润湿母材，填充接头间隙并与母材相互扩散实现连接的焊接方法。钎焊时要求两母材的接触面很干净，因此要用钎剂（钎焊焊剂）。钎剂的主要作用是去除母材和液态料表面上的氧化物与油污等，保护母材和钎料在加热过程中不致进一步氧化，以及改善钎料对母材表面的润湿能力等。

钎焊接头的质量在很大程度上取决于钎料。钎料应具有合适的熔点与良好的润湿性，能充分填充接头间隙，能使母材形成牢固结合，得到具有一定的力学性能与物理化学性能的接头。钎焊按钎料熔点分为两大类，即软钎焊和硬钎焊。

（1）软钎焊。钎料熔点在450℃以下的焊称为软焊。常用钎料是锡铅钎料。常用钎剂是松香、氯化锌溶液等。软钎焊接头的强度低，工作温度低，主要用于电子线路的焊接。

（2）硬钎焊。钎料熔点高于450℃的焊称为硬焊。常用钎料有铜基钎料和银基钎料等。常用钎剂由硼砂、硼酸、氯化物、氟化物等组成。焊件接头强度高，工作温度高，主要用于受力较大的钢铁件、工具及铝、铜合金件，如钎焊刀具、自行车架等。

常用焊接方法还有埋弧焊、等离子弧焊接、电子束焊、激光焊接、扩散焊等。不同的焊接方法有各自的特点和应用领域，在实际生产中，要根据使用场景选择合适的焊接方法。表9-2是常用焊接方法的特点及适用范围，供参考。

表9-2　　　　　常用焊接方法的特点及适用范围

焊接方法	焊接热源	可焊空间位置	适用钢板厚度（mm）	焊缝成形性	生产率	设备费用	可焊材料	适用范围及特点
气焊	氧-乙炔气体	全位置	1~3	较差	低	低	碳钢、低合金钢、铸铁、铝及铝合金、铜及铜合金	薄板、薄管焊件，灰铸铁补焊，铝、铜及其合金薄板结构件的焊接、补焊。但焊接变形大，焊接质量较差
焊条电弧焊	电弧	全位置	>1，常用3~10	较好	中等	较低	碳钢、低合金钢、不锈钢、铸铁	成本较低，适应性强，可焊各种空间位置的短曲焊缝
埋弧焊	电弧	平焊	≥3，常用6~60	好	高	较高	碳钢、低合金钢等	成批生产、中厚板长直焊缝和直径>250mm环焊缝
氩弧焊	电弧	全位置	0.5~2.5，常用于薄板	好	中等	较高	铝、铜、钛、镁及其合金、不锈钢、耐热钢	焊接质量好，成本高

续表

焊接方法	焊接热源	可焊空间位置	适用钢板厚度（mm）	焊缝成形性	生产率	设备费用	可焊材料	适用范围及特点
CO_2气体保护焊	电弧	全位置	0.8~50，常用于薄板	较好	高	较高	碳钢、低合金钢	生产率高，无渣壳，成本低，宜焊薄板，也可焊中厚板，长直或短曲焊缝
电渣焊	液态熔渣电阻热	立焊	25~1000，常用40~450	好	高	高	碳钢、低合金钢、铸铁	适用于厚度30mm以上的重大型机件的焊接
钎焊	各种热源（常用烙铁和氧-乙炔焰）	平、立焊	—	好	高	较低	一般为金属材料	常用于电子元件、仪器、仪表及精密机械零件的钎焊，还可完成其他焊接方法难以完成的异种金属间焊接。但接头强度较低，接头多为搭接形式

第三节

焊接结构工艺性及焊接质量检验

一、焊接结构及工艺性

焊接结构工艺性设计是指在设计焊接结构时，有关焊接结构的工艺性方面的设计，即所设计的焊接结构要能焊、容易焊，焊后所获得的焊接结构件的性能优良、工艺简单。

（一）焊接结构材料的选择

在焊接过程中，首先要选择合适的焊接结构材料，焊接结构材料的选择原则如下：

(1) 在满足使用性能要求的前提下,首先要选择焊接性能较好、价格低廉的材料。

(2) 低碳钢和含碳量小于0.4%的低合金钢,塑性好、焊接性好,工艺简单,在设计中应优先选用。

(3) 异种材料焊接,必须注意它们的焊接性及其差异。

(4) 焊接结构应尽量选用轧制的型材,以减少焊缝的数量和简化焊接工艺,增加结构件的强度和刚性。

(5) 最好采用相等厚度的金属材料,以便获得优质的焊接接头。

(二) 焊缝的布置

在焊接结构当中焊缝的布置会直接影响焊接的质量,对焊缝的部分有以下的要求:

(1) 焊缝位置应方便焊接操作和检验。焊缝布置应考虑焊接操作时有足够的空间,以便于施焊和检验,如图9-7所示。

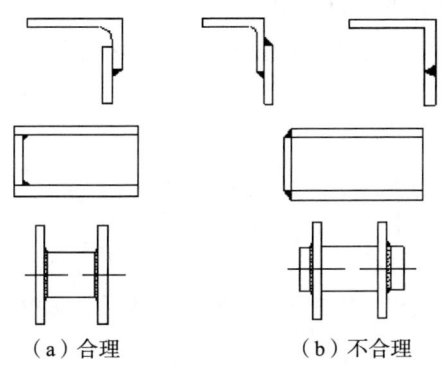

(a) 合理　　　(b) 不合理

图 9-7　焊条电弧焊的焊缝位置

资料来源:王长忠. 焊接技能实训 [M]. 4版. 北京:机械工业出版社,2023.

(2) 焊缝应尽量分散布置,避免密集和汇交,密集交叉的焊缝容易导致接头组织和性能恶化,产生应力集中和焊接变形,如图9-8所示。

(3) 焊缝布置应尽量对称,对称的焊缝布置可使焊接变形互相约束、抵消而减轻变形程度,如图9-9所示。

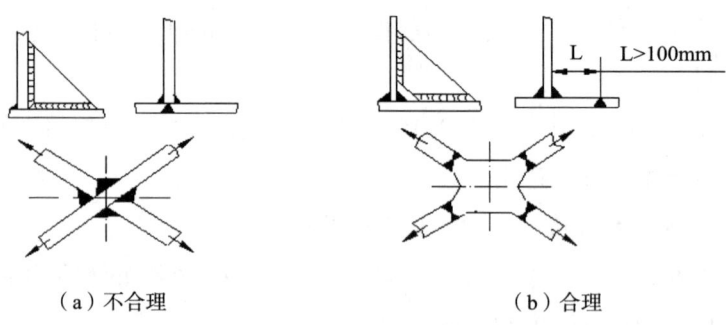

图9-8 焊缝布置应避免密集和交叉

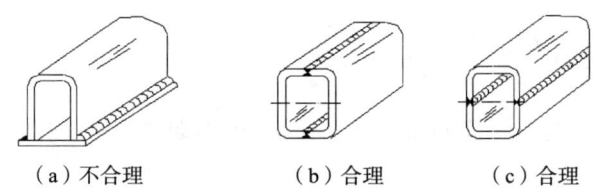

图9-9 焊缝布置应尽量对称

（4）应避免母材厚度方向工作时受拉，因母材厚度方向强度较低，受拉时易产生裂纹，应合理安排焊缝。

（5）焊缝布置应避开最大应力和应力集中位置，如图9-10所示。

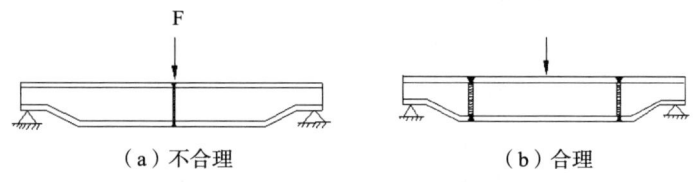

图9-10 焊缝应避开最大应力和应力集中位置

（6）焊缝布置应避开机械加工表面，如果焊接结构的某些部位要求较高精度，而且必须在加工以后才能进行焊接，此时焊缝布置应避开机械加工的表面，以免影响已加工表面的加工精度，如图9-11所示。

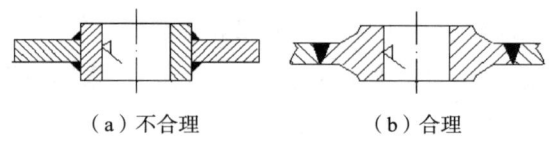

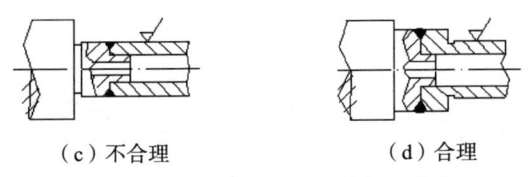

(c) 不合理　　　　　　(d) 合理

图 9-11　焊缝应避开机械加工表面

(三) 焊接接头及其设计

1. 接头形式

焊接接头的基本形式如图 9-12 所示。

对于熔化焊，有时对接和搭接可以进行比较与选择。对接接头受力简单、均匀，节省材料，但对下料尺寸精度要求较高；搭接接头受力复杂，接头产生弯曲附加应力，但对下料尺寸精度要求低。因此，锅炉、压力容器等结构的承载焊缝常用对接接头。对于厂房屋架、桥梁、起重机吊臂等桁架结构，多用搭接接头。

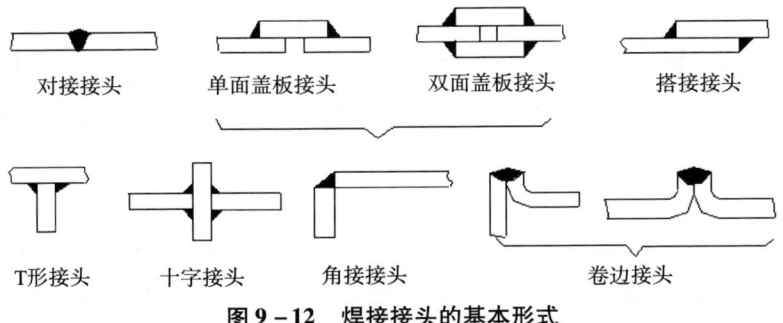

图 9-12　焊接接头的基本形式

2. 坡口形式

将被焊工件上的待焊部位加工并装配成一定几何形状的沟槽，称为坡口。设计坡口的目的是使接头根部焊透、使焊缝成形美观、使焊缝金属达到所需的化学成分。常用加工方法：气割、切削加工（车或刨）、碳弧气刨等。

坡口的基本形式如图 9-13 所示，包括 I 形、V 形、U 形、J 形等。两种或两种以上基本型坡口，还可组合成组合型坡口，如 Y 形、X 形和 K 形等。

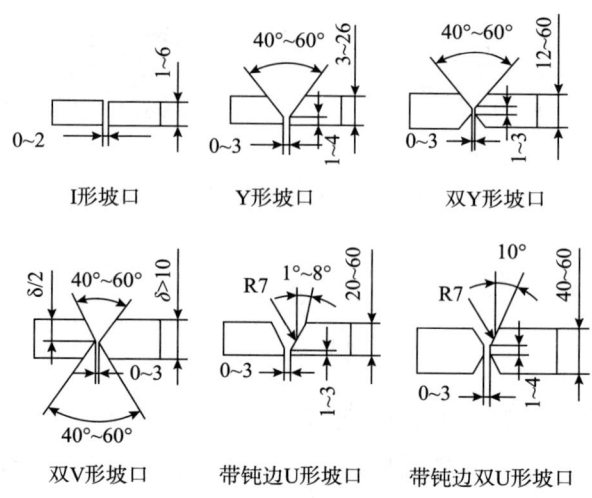

图 9-13　几种坡口形式

二、焊接质量检验

（一）焊接的缺陷

常见的焊接缺陷包括：未焊透、未熔合、咬边、焊瘤、凹坑、气孔、夹渣、焊接裂纹、烧穿、未焊满、塌陷等，部分如图 9-14 所示。

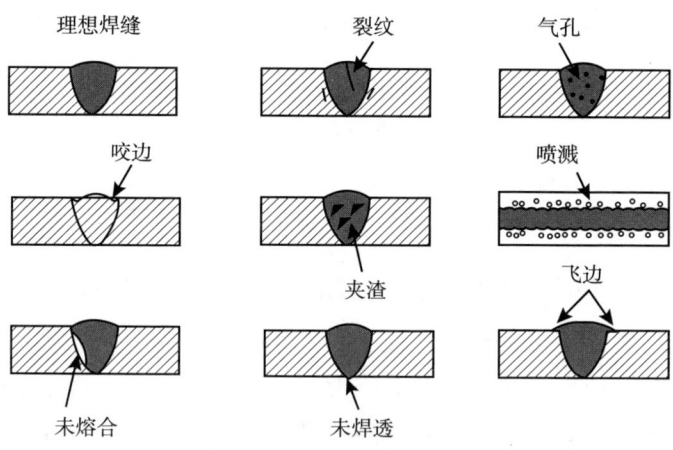

图 9-14　理想焊缝与常见焊接缺陷对比

除上述缺陷外，焊缝中还存在一些通过观察焊缝外表面能够看到的缺陷，即外观缺陷，如图9-15所示。

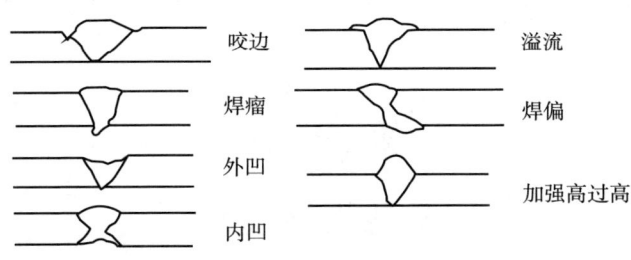

图9-15 焊缝外观缺陷

资料来源：周杏芳．焊接质量检测技术［M］．3版．北京：化学工业出版社，2021．

缺陷的产生都会影响焊接结构的质量，影响焊接结构承受载荷的能力。因此，对于焊接结构在焊接完成以后，通常要进行焊接质量的检验。

（二）焊接的检验方法

从焊接过程分类，焊接检验方法包括焊前、焊中、焊后检验。

焊后检验包括：外观检验、无损检验、成品强度检验、致密性检验等。

1. 外观检验

外观检验和测量，就是通过肉眼或者是一些简单的工具对焊缝的外观质量进行一些检查和测量。

2. 无损检验

采用一些先进的手段进行焊缝的无损探伤检验，主要是射线检验、超声波检验、磁粉检验、液体渗透检验，可以对焊缝的内部进行检验，检验焊接质量。

3. 成品强度检验

对于受压的压力容器焊接接头，要进行强度检验，主要有水压试验和气压试验，检测压力容器在焊接以后的承压能力和致密性。

4. 致密性检验

对一些微压力容器进行的密封性的检验。检验方法主要有煤油试验、载水试验、水冲试验、沉水试验、吹气试验、氨气试验、氦气试验等方法。

第四节 其他连接技术

一、铆接

（一）铆接的定义及分类

将铆钉穿过被连接件（通常为板材或型材）的预制孔中经铆合而成的连接方式称为铆钉连接，简称铆接。

铆接过程如图9-16所示，在被连接板材上预先打出通孔，将铆钉插入被铆接工件的孔内，并把铆钉头紧贴工件表面，然后将铆钉杆的一端施加压力镦粗而成为铆合头。

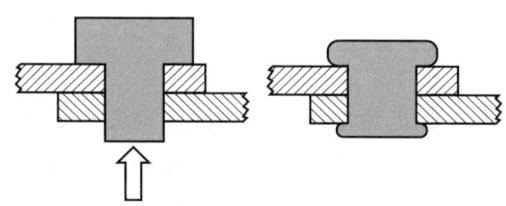

图9-16 铆接

资料来源：成大先. 机械设计手册 [M]. 6版. 北京：化学工业出版社，2022.

铆接可以分为活动铆接、固定铆接、密封铆接几类。

（1）活动铆接：结合件可以相互转动，不是刚性连接，如剪刀、钳子

第九章
材料的连接技术

（2）固定铆接：结合件不能相互活动，是刚性连接，如角尺、三环锁上的铭牌、桥梁建筑。

（3）密封铆接：密封铆接的特点是能消除结构缝隙，工艺过程比较复杂，密封材料的敷设要在一定的施工温度、湿度等环境下进行。用于有封闭要求的部位和结构，如整体油箱、气密座舱等。

（二）铆钉

铆钉可以根据不同的分类标准进行分类，常见的分类方式包括按形状、用途和材料分类。

1. 按形状分类

（1）平头铆钉：头部为平面，适用于一般载荷的铆接场合。

（2）半圆头铆钉：头部呈半圆形，主要用于伴随较大横向载荷的铆接场合，应用最广。

（3）沉头铆钉：头部呈锥形，适用于表面需要平滑的铆接场合，随载荷不大。

（4）半沉头铆钉：与沉头铆钉类似，但头部高度较低，也用于表面平滑的铆接场合。

（5）管状空心铆钉：内部为空心结构，用于非金属材料的不随载荷的铆接场合。

（6）标牌铆钉：专门用于铆接机器、设备等上面的铭牌。

（7）抽芯铆钉：一种单面铆接用的铆钉，包括开口型、沉头型、封闭型等多种，特别适用于不便采用普通铆钉的铆接场合，广泛应用于建筑、汽车、船舶、飞机等领域。

（8）击芯铆钉：一种单面铆接的铆钉，通过手锤敲击使钉芯与钉头平齐完成铆接，适用于不便使用拉铆枪的场合。

2. 按用途分类

（1）锅炉铆钉：专门用于锅炉等高温高压设备的铆接。

（2）钢结构铆钉：用于钢结构件的连接。

（3）带铆钉：具有特殊设计，用于特定场合的连接。

3. 按材料分类

（1）钢铆钉：强度高，耐腐蚀性好，适用于多种铆接场合。

（2）铜铆钉：导电性好，耐腐蚀，适用于需要导电或防腐的铆接场合。

（3）铝质铆钉：质轻，耐腐蚀，适用于轻量化和防腐要求较高的场合。

（三）铆接工艺过程

铆接的工艺过程主要包括以下几个步骤：

（1）钻孔：在需要铆接的部位钻孔，确保孔的直径与铆钉相匹配。

（2）锪窝：根据需要，有时会在孔口进行锪窝处理，以便于铆钉的固定。

（3）去毛刺：清理孔周围的毛刺，确保铆接面的平整。

（4）插入铆钉：将铆钉插入已经钻好的孔中。

（5）顶模顶住铆钉：使用顶模或顶把等工具顶住铆钉，防止其在铆接过程中移动。

（6）铆成形：使用旋铆机或手工工具将铆钉镦紧、镦粗，直至形成所需的钉头，使连接件紧密结合。

（四）铆接的特点和应用

1. 铆接的特点

（1）连接强度稳定：铆接的连接强度稳定可靠，能够满足各种复杂工况下的需求。

（2）适用范围广：铆接可以适应各种材料和结构的连接需求。

（3）工艺简单：铆接的工艺过程相对简单，易于掌握和操作。

（4）成本较低：与焊接等其他连接方法相比，铆接的成本较低，且易于实现自动化生产。

2. 铆接的应用

铆接广泛应用于金属结构、飞机、汽车、船舶制造、家具制造等领域，特别适用于需要高强度和可靠连接的场合。

第九章
材料的连接技术

二、胶接

胶接是指利用胶粘剂直接把被连接件连接在一起的连接工艺。

胶接的核心机制涉及胶接剂与被黏接材料表面间的复杂交互,包括机械锁合、物理渗透及化学反应,共同促成两者间的稳固结合。由于固体材料表面固有的微观不平整性,胶接过程中,胶接剂利用其固化前的流动性,能够渗透进被粘接物表面的微细凹陷与孔隙中。待胶接剂固化,它便如同微型的"锚点",镶嵌于孔隙之内,通过机械锁合效应增强连接强度。

在对高分子材料如塑料、橡胶的胶接时,高分子链的柔韧性与热运动促使胶接剂分子与被粘接物表面分子间发生链段重排与扩散,形成分子层面的"交织"网络,这一过程称为扩散作用,增强了结合力。

当物质分子间的距离缩短至特定阈值,分子间力将发挥作用,促使接触面相互吸引并紧密结合,这即为吸附作用,在胶接过程中起重要作用。

(一) 常用胶粘剂

工程材料中常用胶粘剂种类繁多,性能各异。常用的胶粘剂有:环氧胶黏剂、聚氨酯胶黏剂、丙烯酸酯胶黏剂、杂环高分子胶黏剂,不同的胶黏剂有不同的适用范围和不同的胶黏强度。环氧胶粘剂以高强度和广谱黏结性著称,耐高温、耐化学腐蚀,广泛应用于航空、汽车等结构件;聚氨酯胶柔韧性佳,适应不同热膨胀基材,在低温及防水工程中表现优异,尤其适合建筑密封和制鞋领域。丙烯酸酯胶固化快、透明度高,适用于金属与非金属的快速黏接,剪切强度可达 20MPa 以上。

杂环高分子胶专为极端环境设计,可在 -273℃~260℃ 长期使用,短期耐温达 800℃,在航天器和高温设备中展现独特优势。此外,磷酸锆等无机胶黏剂耐高温达 1300℃,兼具耐酸碱特性,适用于耐烧蚀材料。选胶时需综合考虑材料特性、工作温度及工艺条件,如环氧胶脆性需增韧改性,聚氨酯胶需关注环保低 VOC 方向,而杂环胶虽性能卓越但固化条件严苛。

当前行业呈现三大趋势:国产化替代加速,如电子封装胶技术突破;环保法规推动氯丁橡胶升级;性能极限不断突破,高温胶和导电胶等新产品涌现。这些趋势共同推动胶黏剂向高效、环保、多功能方向发展，满足日益复杂的工程需求。

（二）胶接工艺

胶接工艺过程主要包括：设计和加工胶接接头、被粘材料表面处理、胶黏剂的准备、涂胶、晾置以及装配、固化、检验、修整等。

1. 胶接接头的基本类型

胶接接头可分为四种基本类型：角接、T形接、对接与表面接。

2. 胶接件的表面处理

胶接前要进行表面处理，去除胶接表面的杂质才能保证胶接的连接质量。清理的方法主要有溶剂清洗法、机械处理法、化学处理法、电化学酸洗除锈处理。

（1）溶剂清洗法。主要是除油，其次是表面的其他污物。

（2）机械处理法。对被粘表面进行机械处理，既可除掉金属表面锈蚀层、油污，也是为了使表面粗糙以利胶接。

（3）化学处理法。用配好的酸、碱液或某些无机盐溶液将被粘材料表面的一切油污杂质清除掉。

（4）电化学酸洗除锈处理。电化学酸洗除锈处理是利用电解作用去除金属表面氧化皮和锈蚀产物的方法。将被处理工件浸入盐酸、硫酸或磷酸等酸性溶液中作为电极，通以直流电，通过阳极溶解或阴极析氢反应加速锈蚀产物的剥离。

3. 涂胶

涂胶时应保证胶层均匀，胶层厚度控制在 0.08~0.15mm，避免过厚导致气泡或过薄引发缺胶。双组分胶需严格按比例混合均匀，单组分胶则需注意环境温湿度对流动性的影响。涂胶后需快速精准装配，施加 0.1~0.5MPA 压力排出气泡，并用夹具固定防止位移。

4. 固化

固化是胶接工艺的关键步骤，其条件直接影响最终性能，常见的固化条件包括温度、时间和压力。不同的胶黏剂需要不同的固化条件，以达到最佳的黏接效果。工艺中需注意安全防护，如化学处理时佩戴护目镜和手套，固化加热时确保通风，同时胶黏剂储存需避光防潮。

胶接技术，作为一种利用胶接剂达成的连接工艺，已成为工程领域内不可或缺的一环，广泛应用于航空制造、机械制造、电子工业以及建筑业等多个关键行业，替代传统机械连接并实现轻量化与高可靠性需求。

习 题

一、选择题

1. 焊接接头包括（　　）（多选）。
   A. 焊缝　　　　B. 熔合区　　　C. 热影响区　　D. 母材
   E. 焊接缺陷
2. 下列焊接方法属于熔焊的是（　　）。
   A. 电阻焊　　　B. 钎焊　　　　C. 电弧焊　　　D. 摩擦焊
3. 焊接前对金属表面进行清理的主要目的是（　　）。
   A. 提高导电性　　　　　　　　B. 去除氧化层和油污
   C. 增加材料硬度　　　　　　　D. 降低焊接温度

二、思考题

1. 什么叫焊接？按焊接过程的特点分，焊接方法有哪三大类？各有什么特点？
2. 钨极氩弧焊与焊条电弧焊相比有哪些特点？应用范围是什么？
3. 焊接结构工艺性的最主要内容是什么？
4. 与焊接技术相比，铆接技术具有哪些优点？
5. 影响胶接质量的主要因素有哪些？

参 考 文 献

[1] 毕大森. 材料工程基础 [M]. 北京：机械工业出版社，2011.

[2] 陈云. 金属工艺学 [M]. 北京：机械工业出版社，2023.

[3] 邓文英. 金属工艺学 [M]. 7版. 北京：高等教育出版社，2024.

[4] 方亮，王雅生. 材料成形技术基础 [M]. 2版. 北京：高等教育出版社，2010.

[5] 李双寿，汤彬. 热加工工艺基础 [M]. 4版. 北京：高等教育出版社，2023.

[6] 李占君. 机械工程材料 [M]. 北京：机械工业出版社，2023.

[7] 刘鸿文. 材料力学 I [M]. 7版. 北京：高等教育出版社，2024.

[8] 卢志文. 工程材料及成形工艺 [M]. 3版. 北京：机械工业出版社，2024.

[9] 吕广庶，张远明. 工程材料及成形技术基础 [M]. 3版. 北京：高等教育出版社，2021.

[10] 任家隆. 工程材料及成形技术基础 [M]. 2版. 北京：高等教育出版社，2019.

[11] 王俊昌，王荣声. 热加工工艺基础 [M]. 北京：机械工业出版社，2019.

[12] 王学武. 金属材料与热处理 [M]. 2版. 北京：机械工业出版社，2021.

[13] 王英杰. 金属工艺学 [M]. 北京：机械工业出版社，2023.

[14] 王章忠. 机械工程材料 [M]. 北京：机械工业出版社，2019.

[15] 吴海宏. 工程材料及成形工艺基础 [M]. 北京：机械工业出版社，2019.

[16] 邢建东，陈金德. 材料成形技术基础 [M]. 2版. 北京：机械工业出版社，2020.

[17] 杨慧智. 工程材料及成形工艺基础 [M]. 3版. 北京：机械工业出版社，2006.

[18] 赵程，杨建民. 机械工程材料 [M]. 3版. 北京：机械工业出版社，2015.